# 米粉 [KOMEKO] BOOK

編著者 大坪研一

**1** 米粉のニョッキ トマトソース

**2** 米粉うどん コシヒカリラーメン 米粉ラビオリ

**3** 米粉パスタ（パスタメニュー3種類）

**4** お米でもちもちラーメン新麺組

**5** 米粉パン「ミルキィフランス」

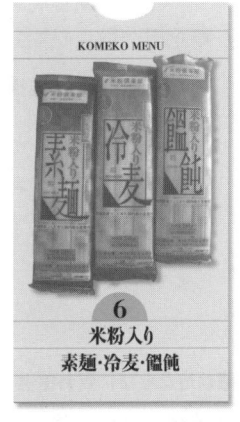

**6** 米粉入り素麺・冷麦・饂飩

**7** 国産米粉のコロネ 国産米粉の蒸しパン

**8** 米粉クレープ

**9** 米粉100％薄力粉タイプ 米粉揚げ物用ミックス 米粉パン用ミックス

**10** R10天ぷらミックス

幸書房

■編著者
　●大坪研一　（おおつぼ　けんいち）
　　新潟大学大学院自然科学研究科　教授　農学博士
　　（農学部　応用生物化学科　食品製造学研究室　兼任）

■執筆者（音順）
　●江川和徳　（えがわ　かずのり）
　　江川技術士事務所　所長、元　新潟県農業総合研究所　食品研究センター長
　●鈴木保宏　（すずき　やすひろ）
　　（独）農業・食品産業技術総合研究機構　作物研究所　稲作研究領域　上席研究員　農学博士
　●中村幸一　（なかむら　こういち）
　　（財）にいがた産業創造機構　産業創造グループ　企業化推進エキスパート
　●萩田　敏　（はぎた　さとし）
　　（財）日本穀物検定協会、こっけん料理研究所長、NPO法人国内産米粉促進ネットワーク　副理事長
　●藤井義文　（ふじい　よしふみ）
　　新潟製粉（株）　常務取締役
　●別府　茂　（べっぷ　しげる）
　　ホリカフーズ（株）　執行役員営業企画部長　歯学博士

■執筆ならびに資料提供
　●新潟県農林水産部　食品・流通課
■資料提供「米粉利用の推進について」
　●農林水産省

# プロローグ

大坪研一

　米は世界の30億人以上の食料である。水田は連作が可能であり、その重要性は誰しもが認めている。しかし、わが国では、経済力の向上と食生活の変化によって国産米の消費が減少し、食料自給率はカロリーベースで約40％と、先進国中で最低の水準にとどまっている。政府は約10年後までに食料自給率を50％まで増加させることを目標としており、国産米の消費拡大が必須とされている。

　現在、国産米の利用の増加が叫ばれているが、そのために、新規需要を開拓する必要があり、米粉、飼料用米、バイオエネルギー用の米の開発と利用が進められている。農林水産省の後援のもとで、全国米粉食品普及推進会議が設立され、その後、各地方組織も発足し、全国で講演会や展示会など、さまざまな取り組みがなされてきた。その結果、米粉を利用したパン、麺、菓子などが開発され、食感や味、地域の特性などを活かした米粉食品が開発され、利用が広がりつつある。

　新潟県では、輸入小麦約500万tのうちの10％を国産米粉で置き換えることによって、①食料自給率の向上、②$CO_2$排出量削減への貢献、③耕作放棄地の解消、という3つの効果を期待するプロジェクト（Rice Flour 10％プロジェクト、R10プロジェクト）を全国に呼びかけている。

　米は食料生産、おいしさ、健康機能性、加工利用の視点から重要な穀物であり、水田は連作可能である上に洪水防止や生物多様性の保護など、多面的な機能を兼ね備えている。米の生産、流通、利用加工の各段階において、各分野の連携協力を進めることによって、米の生産と消費を増加させることにより、わが国の食料自給率を高めていくことが必要と考えられる。

　1978〜1980（昭和53〜55）年に、米の過剰問題が深刻となり、米を利用した新加工食品の開発という農水省のプロジェクトが始まった。1989（平成元）年からは農水省の「スーパーライス計画」が開始され、他用途利用に向けたイネの新品種が開発されてきたということは、米粉にとって重要なことである。多収米が中心であるが、そのほかに香り米、色素米、巨大胚芽米など、実需者や消費者が新しい魅力を感じてくれるようなお米を作ろうということになり、約10年が経過して、日印交雑品種などが育成され、現在ではパンや麺に適性がある品種も登場してきている。

　米は、小麦とはタンパク質の組成が違い、グルテンを生成しないのでどうしても生地が

弱い。そこを技術でカバーして、グルテンを混合したり、デンプンを強く固くして小麦に混合して使ったり、製粉方法も含めて多様な技術進歩によって、高品質の米粉製品が開発されてきたという背景がある。

最近では、米粉の機能性が注目されている。国民が食品の健康機能性に関心を持つようになり、予防医学の考え方が浸透してきた。多くの研究者が取り組み、健康に好影響を及ぼす米を見いだしてきたことは、小麦と比べて1つの特徴になる。米は多様で品質の幅が広いため、消費者のニーズがあれば、そこを開発していくということができるので、今後米粉の消費量が伸びていく可能性がある。

日本では、どこの地域にも米があり、地域ブランドができる。農商工が連携して、6次産業の活性化にもつながる可能性を秘めている。米は、和・洋・中のいずれの料理にもよく調和するし、毎日食べても飽きない。また、米の特性が地産地消の食材に非常に適している。それが、米粉にするといっそう際立ってくると考えられる。

消費者は、米粉に対して良いイメージを持っている。生まれてからずっとお米を食べてきたという安心感があり、米は健康に良いという印象を持っているので、米粉もそのような観点でみている。

諸外国でも、米や米粉の良さが再認識されているので、国内から普及していくことが優先ではあるが、米粉加工品も含めて今後は輸出も重要な視点と考えられる。将来的には、加工品も含めて、高度な知識集約型の食品を日本で作り、優良品種の開発、製粉技術の改良、米粉による製パン、製麺、製菓技術、それに健康・医療を含めた知識集約型の米粉食品を作って、世界に向けて輸出していくということにも期待したい。

米の生産、加工で日本は高い技術を持っている。水田を支え、米の用途拡大に貢献し、ものづくりの2次産業化、できたものの3次産業化、さらに外国へも輸出していくという流れでの農村の6次産業化も期待されている。

本書が米粉に関する一般読者の関心に答えるとともに、科学技術やビジネスの面から、また消費の面から、少しでもお役に立つものとなれば、望外の喜びである。

# 目　次

プロローグ ………………………………………………………………………… iii

## 第1章　米食文化—米粉の新展開（大坪研一） ———————————— 1
1. すべての料理に合う米食 ………………………………………………… 1
2. 米粉利用の意義 …………………………………………………………… 2
3. 米粉、その生産量と加工品 ……………………………………………… 3
    1) 米の品質と成分 ……………………………………………………… 3
    2) 米粉とその加工品 …………………………………………………… 4
        (1) 米　粉 ………………………………………………………… 4
        (2) ライスヌードル ……………………………………………… 4
        (3) 餅 ……………………………………………………………… 5
        (4) 米　菓 ………………………………………………………… 5
4. 米粉普及の問題点と突破口 ……………………………………………… 5
    1) 優れた加工技術 ……………………………………………………… 6
    2) 米の持つ機能性 ……………………………………………………… 6
5. 活発に研究される米の機能性 …………………………………………… 6
    1) 新形質米を用いた研究 ……………………………………………… 6
    2) その他の米の機能性の研究 ………………………………………… 7
6. 米粉の新規用途開拓 ……………………………………………………… 7
        (1) ライスパワー ………………………………………………… 8
        (2) 膨化発芽玄米 ………………………………………………… 8
        (3) お米ペースト ………………………………………………… 8
        (4) 糊化組成物としての米の添加 ……………………………… 8
        (5) 赤タマネギ発芽玄米 ………………………………………… 9
        (6) 焙煎炊飯粉末 ………………………………………………… 9
        (7) てんぷら粉 …………………………………………………… 10
7. 米粉を使った地域の商品開発の現状 …………………………………… 10
8. 米粉の市場拡大に向けて ………………………………………………… 12

## 第2章　米粉の種類と加工用途特性（江川和徳） ———————————— 15

1. 米粉の種類 ………………………………………………………………… 15
　　　1) 上新粉と微細米粉 ……………………………………………………… 15
　　　2) 細粒と粉 ………………………………………………………………… 17
　2. 上新粉の加工 ……………………………………………………………… 19
　3. 微細米粉の製法 …………………………………………………………… 21
　　　1) ターボミルと気流粉砕 ………………………………………………… 21
　4. 微細米粉の楽しみ方 ……………………………………………………… 22

## 第3章　米粉の製造—新潟製粉（株）の例（藤井義文） ──── 25
　1. 新潟県の開発 ……………………………………………………………… 25
　2. 新潟県の新技術 …………………………………………………………… 26
　　　1) 二段階製粉技術 ………………………………………………………… 26
　　　2) 酵素処理製粉技術 ……………………………………………………… 27
　3. 新潟製粉（株）での米粉の製造 ………………………………………… 28
　4. 今後の課題 ………………………………………………………………… 30

## 第4章　米粉パン好適品種とその特性（鈴木保宏） ──────── 31
　1. 小麦粉と米粉のパンの違い ……………………………………………… 31
　2. 米粉パンの特性 …………………………………………………………… 31
　　　1) グルテン添加米粉パンにおけるアミロース含有率の影響 ………… 31
　　　2) 米粉混成パンにおけるアミロース含有率の影響 …………………… 32
　　　3) 100％米粉パンの製造方法 …………………………………………… 33
　　　　（1）増粘多糖類を添加した100％米粉パン …………………………… 33
　　　　（2）グルタチオンを添加した100％米粉パン ………………………… 33
　　　　（3）前発酵処理した100％米粉パン …………………………………… 34
　　　4) 米のタンパク質含有率と米粉パンへの影響 ………………………… 34
　　　　（1）高タンパク質含有米 ………………………………………………… 34
　　　　（2）タンパク質変異米 …………………………………………………… 34
　　　　（3）貯蔵タンパク質変異米「esp2」 …………………………………… 35
　3. 米粉の粉体特性と製パン ………………………………………………… 35
　　　1) 損傷デンプン含有率と米粉パンの特性 ……………………………… 35
　　　2) 米粉パンに適する米粉の形状 ………………………………………… 35
　　　3) 製粉方法と米粉パンに適する品種 …………………………………… 36
　4. 米粉パン製造の低コスト化 ……………………………………………… 37

1）多収穫米の製パン性 …………………………………………… 37
　　　2）玄米を用いた米粉パン …………………………………………… 39
　5. 米粉パンの今後の展開 ………………………………………………… 39

第5章　米粉パンの特徴と課題（中村幸一） ─────────── 41
　1. 粒食から粉食へ ………………………………………………………… 41
　2. 米と小麦の違い ………………………………………………………… 41
　3. 米粉パン製造に適する米粉の特性 …………………………………… 43
　4. 品質良好なグルテン配合米粉パンの製造方法 ……………………… 44
　　　1）パン工場における米粉パンの製造 …………………………… 44
　　　2）ホームベーカリーを用いた米粉パンの製造 ………………… 46
　5. グルテンを使用しない米粉パン（グルテンフリー米粉パン）
　　　の製造方法 …………………………………………………………… 46
　6. 米粉の普及に向けた取り組み ………………………………………… 47

第6章　米粉調理で知っておきたい米粉の特性（萩田　敏） ─── 49
　1. 新たな食材としての米粉利用 ………………………………………… 49
　2. 米粉の特徴を活かした米粉調理、商品加工 ………………………… 49
　　　1）米粉の種類 ……………………………………………………… 49
　　　2）米粉の粒度 ……………………………………………………… 49
　　　3）アミロース含有量 ……………………………………………… 51
　　　4）米粉の特性が活きる調理法 …………………………………… 51
　3. 米粉と米粉食品の加工適性 …………………………………………… 52

第7章　米粉の麺製品への利用（大坪研一） ────────── 55
　1. 米粉の製麺性 …………………………………………………………… 55
　　　1）米粉麺開発の経緯─農水省の「新加工食品の開発」プロジェクト ‥ 56
　　　（1）1980（昭和55）年当時の各地の米粉麺の調査 ……………… 56
　　　（2）従来のうどん製造への米粉配合 ……………………………… 56
　　　（3）米を添加した新しい麺状食品の開発 ………………………… 57
　　　（4）内地米を主体とした新型ビーフンの開発 …………………… 57
　　　2）新潟県食品研究所（現・新潟県農総研食品研究センター）
　　　　における製麺技術の開発 ………………………………………… 57
　　　3）新潟県農総研とまつや（株）による米粉100％の米粉麺 ……… 58

4）最近の米粉麺開発例 …………………………………………………… 58
　　5）諸外国での米粉麺の事例 ………………………………………………… 61
　　6）米粉麺の今後の展望 ……………………………………………………… 63

## 第8章　米粉素材と超硬質米等（大坪研一）——————————— 65

1. 素材選択と製品開発 ……………………………………………………………… 65
　　(1) 一般飯用米 ………………………………………………………………… 65
　　(2) 高アミロース米 …………………………………………………………… 66
　　(3) 低アミロース米 …………………………………………………………… 66
　　(4) タンパク質変異米 ………………………………………………………… 67
　　(5) 色素米 ……………………………………………………………………… 67
　　(6) 白米、玄米、発芽玄米 …………………………………………………… 67
　　(7) 米　糠 ……………………………………………………………………… 67
2. 業務用加工米：超硬質米 EM10 ― その可能性 ……………………………… 67
　　(1)「超硬質米 EM10」とは ………………………………………………… 68
　　(2) EM10 のデンプン特性 …………………………………………………… 68
　　(3) 農水省の超硬質米プロジェクト ………………………………………… 68
　　1）米飯の難消化性の試験（動物試験および呼気分析）………………… 68
　　2）米飯の難消化性試験（ヒト試験）……………………………………… 70
3. 超硬質米の米粉への利用 ………………………………………………………… 71
4. 超硬質米含有パンによる試験 …………………………………………………… 72
5. 高圧処理と酵素処理を併用した超微細米粉の開発 ………………………… 74

## 第9章　米粉の物性測定・判別技術の開発と特許情報（大坪研一）
　　　　　———————————————————————————— 77

1. 米粉の粘度特性に基づく物性および老化性評価装置の開発 ……………… 77
　　1）開発の背景とねらい ……………………………………………………… 77
　　2）評価装置の内容・特徴 …………………………………………………… 78
2. 米・米加工品の DNA 判別技術 ………………………………………………… 79
　　1）さまざまな技術開発 ……………………………………………………… 79
　　2）もち米加工品に対するワキシーコーン混入の検出技術 ……………… 80
　　3）判別技術の今後の展望 …………………………………………………… 80
3. 最近の関連特許の紹介 …………………………………………………………… 80

## 第10章　中国・韓国・台湾における米粉事情（大坪研一・別府　茂） ——— 83

1. 中国での米生産と消費 ……………………………………………… 83
2. 中国での米粉の利用 ………………………………………………… 83
3. 最近の中国の米加工食品 …………………………………………… 85
4. 韓国の米事情 ………………………………………………………… 86
5. 韓国における多様な新品種の育成 ………………………………… 87
6. 韓国における米の加工利用への適用 ……………………………… 87
7. 台湾の米事情 ………………………………………………………… 88
8. 台湾の伝統的な米利用食品 ………………………………………… 88
9. 台湾における新しい米粉利用食品 ………………………………… 89

## 第11章　米粉普及に向けた新潟県の取り組み（新潟県農林水産部 食品・流通課） ——— 93

1. わが国の食料需給の現状と新潟県の「R10プロジェクト」 ……… 93
2. にいがた発「R10プロジェクト」提唱の背景 …………………… 94
3. にいがた発「R10プロジェクト」の創設 ………………………… 94
4. にいがた発「R10プロジェクト」が目指すもの ………………… 95
5. 米粉ビジネスモデル活動の創出 …………………………………… 95
6. 科学的根拠の具備と実需者、消費者メリットの明確化 ………… 97
7. 「R10プロジェクト」の基盤作り …………………………………… 97
8. 「R10プロジェクト」の将来について ……………………………… 98
9. 新潟県の米粉政策の方向性 ………………………………………… 99
    〈新潟県「食のプロデュース会議」米粉分科会報告書〉

資料　新潟県の米粉用途別推奨指標の策定について ………………… 115
- ●付録1　「新規用途米粉の用途別推奨指標」（資料　新潟県） ……… 121
- ●付録2　「新潟県における米粉の利用促進について」（資料　新潟県） ……… 123
- ●付録3　「米粉利用の推進について」（農林水産省） ………………… 127

エピローグ ……………………………………………………………………… 131

# 第1章　米食文化―米粉の新展開

## 1. すべての料理に合う米食

　イネの種子である米は、熱帯アジアを中心に、世界各地の高温多湿地帯で栽培され、世界の過半の人々のカロリー源となっている。イネの品種数は10万以上とも言われており、栽培イネにはアフリカイネとアジアイネがあり、さらに後者はインディカとジャポニカに大別される。インディカは、中国南部、東南アジアの熱帯地域、インド、アフリカ、中近東で多く栽培され、ジャポニカは、中国北部、韓国、北朝鮮、日本、カリフォルニア、ブラジル、オーストラリア、熱帯の山岳地帯等で栽培されている。

　国連FAOの推定によると、世界の人口は、今後、発展途上国を中心に大幅に増加し、現在の約65億人が、2015年には約72億人、2025年には約80億人、2050年には約92億人に増加すると見込まれている。また、中国やインドなどの人口大国の経済力向上にともなって、畜産物の消費も拡大することが予想されている。鶏卵、豚肉、牛肉を1kg生産するのに要する穀物量は、それぞれ3kg、7kg、11kgなので、人口増加に加えて、質的側面からも、世界の食料需要が大幅に増大することが予想されている。

　一方、食料供給については、耕地面積の拡大が見込めないこと、砂漠化の進行や水不足の深刻化、気象変動などの要因により、大幅な増産は見込めないと予想されている。

　また、トウモロコシ、小麦、米などの穀類の主要生産国、主要輸出国は、米国、カナダ、オーストラリア、アルゼンチンなどの少数の国に限られており、特に米は、自給的作物であることから、貿易に回る量は数パーセントときわめて少ない。最近、世界の穀物消費量は生産量を上回っており、穀物在庫量は年々減少を続けている。

　食料輸出国である米国やフランス等の食料自給率が100％を超えていることは当然とされるが、わが国と類似した先進工業国である英国やドイツも、食料自給率が各々約90％、約75％と高く、しかも上昇傾向であるのに対し、以前は約80％あったわが国の食料自給率が、減少を続けて約40％（1993（平成5）年は37％、2006（平成18）年は39％）にまで低下していることは、今後の世界の食料需給から考えて、きわめて憂慮すべきことと言わねばならない。

米はわが国における主食であり、世界的に見ても、小麦、トウモロコシと並んで世界の三大穀物とされている。

米は、淡白な味のため、和食、洋食、中華料理の全てに適合し、魚、肉、卵、大豆製品などの主菜や、野菜などの副菜をバランス良くとることができ、多くの食材とよく調和する。2000（平成12）年3月に、文部科学省、厚生労働省、農林水産省によって出された「食生活指針」の中でも、「ごはんなどの穀類をしっかりと」と記されている。

最近、その重要性が見直されている「咀嚼」の点でも、和食の場合は咀嚼回数が多いとされており、米食は咀嚼回数を増やす効果がある。咀嚼回数の多い食事により、あごがよく発達し、歯並びが良くなるといわれているほか、噛むことによる刺激が、学習能力の向上や老化・肥満の防止に有効といわれている。

また、糖尿病患者やその予備軍にとって、摂食後の血糖値の上昇の緩やかな食品（低GI食品）が奨められているが、米は粒食であるため、食パンやマッシュドポテトよりGIが低いと報告されている。さらに、米食を中心とする和食では、パン食に比べて、総合的に国産農産物の割合が高くなるといわれており、食料自給率が約40％と低いわが国において、米食は多くの観点からみて利点の多い食事形態ということができる。

## 2. 米粉利用の意義

米は、和食、洋食、中華料理など、幅広い食材とよく調和すること、炭水化物の割合が高くて脂質の過剰摂取になりにくいこと、粒食であるために食後の血糖上昇が緩やかであることなど、多くの利点がある。しかしながら、国民の、食事から得るエネルギーはほぼ一定であり、急激な増加は困難である。

そこで、これまで米があまり消費されてこなかった粉末としての利用を増加させて国産米の消費を増加させることが、農水省や新潟県などの取り組みとなって重視されるようになってきた。

米は、従来、米飯を中心に、粒食用として利用されてきた。しかし、タイやフィリピン等では以前から米麺が盛んに食べられており、ベトナム等ではライスペーパーとして食されている。パン、麺、菓子のような粉食の分野は、わが国でも約6兆円という巨大な市場であり、米粉の特長を生かしたパンや麺ができれば、米の消費が拡大するものと期待されている。

また、粉として利用することにより、従来とは異なる形態での利用、新しいコンセプトの商品開発が可能となる。食用に限らず、食品包装用のフィルムや、バルク形態での薬品副資材としての利用など、幅広い用途開発が可能になる。

米を米粉として利用することにより、次のような効果が考えられる。
① 新規な米消費用途を創成できる
② 輸入農産物を国産農産物で置き換えることができる
③ 高栄養・高機能性素材との併用が可能となる

農水省の支援を受けて、近畿、関東、東海、東北等、全国各地で「米粉」の利用推進のための協議会が誕生し、2005（平成17）年2月には全国米粉食品普及推進会議が設立され、米粉、米パン、米麺等の利用拡大が進められている。農水省ホームページには「米粉の情報」というURLも開設された。

新潟県では、小麦粉の10%以上を米粉で代替しようとの「R10プロジェクト」を推進している。その目標は、約500万tの小麦市場の10%を米粉で代替することによって、約50万tの新しい米市場を開拓し、食料自給率を約1.4%向上させるとともに、耕作放棄地の解消と$CO_2$の排出削減に貢献しようというものである。

## 3. 米粉、その生産量と加工品

### 1）米の品質と成分

米の、広い意味における品質項目としては、「安全性」、「栄養性」、「歩留まり」、「利用適性」、「機能性」等が挙げられる。米はほぼ毎日食べられるので、特定の種類のカビの繁殖によるマイコトキシン汚染や農薬残留のないことなど、安全であることが必須である。また、栄養面からは、カロリーやタンパク質、繊維、ビタミン等の栄養成分および熱量の供給源として重要である。さらに、籾摺りや精米における歩留まり（籾殻やぬか層の厚さやとれやすさ）が経済面で重視され、農産物検査における「外観品質」も、等級格付けを通して米の価格に影響する。最近では、消費者の良食味志向や食品加工上のニーズから、食味や加工適性も重要とされてきている。また、食物繊維やγ-アミノ酪酸などの生理機能性成分も、最近になって注目されるようになってきている。

日本食品標準成分表によると、精白米100g当たり356kcalのエネルギーを有している。米飯1食では約285kcalに相当する。米のタンパク質含量は約7%であり、グルテリンの割合が多いので、穀類タンパク質としてはリジン含量が高く、アミノ酸スコアも高い。日本人が摂取するタンパク質の約15%を米から摂取している。精白米の脂質含量は約0.9%であり、脂肪酸としてはリノール酸とオレイン酸の割合が多い。ビタミンは、精白米100g当たり$B_1$が0.08mg、$B_2$が0.02mgと少ない。玄米の場合には、ビタミン$B_1$が0.41mg、$B_2$が0.04mgと精白米より含有量が多い。

## 2) 米粉とその加工品

米菓原料など、従来穀粉と呼ばれてきたものを含めた全国の米粉生産量は、2009（平成21）年度で83,762t（農林水産省、米麦加工食品生産動態等統計調査）であり、小麦粉分野などの新規需要米の生産量は2010（平成22）年度で27,796tである。

### (1) 米　粉

米粒を粉砕して得られる粉末で、穀粉とも呼ぶ。米は粉状質の小麦と異なり、結晶質で粉砕しにくい。製粉法により、ロール粉、衝撃粉、胴搗き粉などに分類される。糯（もち）米粉の例として、糯（もち）精米を水挽きした白玉粉が挙げられ、うるち米粉の例として、うるち精米を製粉した上新粉が挙げられる。デンプンを加熱糊化させてから粉砕した米粉の例として寒梅粉、道明寺粉、みじん粉などが挙げられる。米粉は和菓子や料理用に用いられてきたが、最近では米粉パンや米粉麺なども開発されている。

① 白玉粉

糯（もち）米を精白し、一晩水浸漬する。水切り後、原料に加水しながら石臼で磨砕する。ふるいわけた乳液を圧搾脱水してダイス状に切断し、60～80℃で熱風乾燥する。

② 寒梅粉

焼きみじん粉とも呼ばれる。糯（もち）米を洗米、水浸漬後、蒸して餅とし、これを焼き上げて粉末にしたものである。主に、落雁等の打ち菓子や豆菓子などの原料となる。

③ 道明寺粉

糯（もち）米を水洗いし、水浸漬後、蒸して乾燥して「ほしいい」とし、二つ割り、三つ割り程度に粗挽きしたもので、主に桜もちなどの原料になる

④ 上新粉

粳（うるち）米を原料とし、ロール製粉で仕上げたものを上新粉と呼ぶ。色は白く、歯ごたえがあり、主に柏もちやだんご、草もち（よもぎもち）、ういろうなどに使用される。

⑤ 上用粉

原料の粳（うるち）精白米をより磨き、十分に水洗いしてから米をスタンプミルで製粉する（胴搗き製粉）。上新粉より粒子が細かく、薯蕷まんじゅうをはじめ、高級和菓子に使用される。

### (2) ライスヌードル

米粉100％で調製した米麺のこと。日本型（ジャポニカ）米では小麦と異なり、グルテン形成能がない上にアミロース含量も低いので、麺線強度が不足して米麺の調製が困難で

あった。そこで新潟県の食品研究所では、麺線形成過程で生米粉や粗粒米粉を添加することで生地強度を高め、冷蔵硬化の後に切り刃で切断する米100％の米麺を開発した。狭義にはこのような米麺をライスヌードルと呼ぶ。

### (3) 餅

糯（もち）米を蒸して搗いたもの。乾燥したものは保存性があり、正月や祝い事のある日に供されることが多かったが、包装後に加熱殺菌する包装餅の開発により保存性が向上し、全国的な流通が可能になるとともに、季節と無関係に購入できるようになった。最近では、良食味性と保存性とを兼ね備えた無殺菌の生切り餅が開発されている。

### (4) 米　菓

加水粉砕したうるち精米粉に蒸気を吹き込みながら練り合わせ、水中に練り出して冷却した後、圧延・型抜きを行い、乾燥・調湿の後、200～250℃で焼き上げ、醤油や砂糖などで味付けをし、乾燥・包装してせんべいが製造される。蒸したもち米を搗くかあるいは練り合わせて成型し、冷蔵糊化させた後に切断乾燥し、約280℃で焼き上げた後、醤油などで味付けし、乾燥・包装したものがあられ、かき餅である。

## 4. 米粉普及の問題点と突破口

米粉は、従来、米菓の原料や料理の原料として使用されてきた。こうした伝統的加工原料としての利用に加えて、最近では小麦粉分野も含めた新しい利用の可能性が追求されているが、米を加工原料として利用する際の大きな問題は価格である。

加工原料米の場合、価格が主食用の約50％前後になるといわれている（もちろん、用途や米の品質によって異なるが）。この、加工原料米の価格は、生産農家にとっては安すぎるし、食品産業から見れば、輸入トウモロコシや輸入小麦と比べてまだ高いということになる。

幸いなことに、2009（平成21）年度には、新規需要米の制度において、生産者には一定条件のもとで、10a当たり8万円の助成が行われ、多収性稲種子の安定供給への支援も行われている。また、生産者、集荷流通業者、加工業者に対する機械施設の整備に対する1/2補助も行われ、こうした支援策が米粉の原料コストの問題を軽減して、利用拡大につながるものと期待されている。

ただ、そればかりに頼るわけにはいかない。生産コストの課題をクリアするためのもう1つの方策は、米粉製品の価値を高めることによって、トウモロコシや小麦に対する競争力を高めることである。

### 1) 優れた加工技術

米は、小麦と異なり、結晶質で粉砕しにくくグルテンを形成しないため、パンや麺を作る際の生地強度が不足するなどの問題もある。しかし、長年の研究で新潟県食品研究所（現・新潟県農業総合研究所食品研究センター）では、有坂らが二段階製粉法を、江川らが酵素処理製粉法を用いて、米を微粉砕する技術を開発し、それぞれ特許を取得した。

これらの技術の特許実施許諾を受けて、現在、胎内市の新潟製粉（株）等の新潟県内の4社が微細米粉の製造を行っている。農水省の資料によると、新潟製粉（株）では、（社）米穀安定供給確保支援機構の保有する米粉用米やJA中条町、JA黒川村の生産する米粉用米を原料として使用して、上記の酵素処理方式等による米粉を製造し、米粉として各種メーカーに供給している。

さらに、先の新潟県農総研食品研究センターの中村らは、グルテン添加を要しない米粉パンの製造技術を開発したほか、家庭用製パン器にも適用性を高めることに成功しており、こうした新潟県が保有する全国トップレベルの米粉加工技術によって、米利用が拡大していくことが期待されている。

### 2) 米の持つ機能性

米に含まれる機能性成分の細胞壁成分を中心とする食物繊維は、セルロース、ヘミセルロース、ペクチン等から成り、血中コレステロールの上昇を抑え、腸内有用細菌を増殖させ、大腸癌の発生を抑制するとの報告がある。

フィチン酸は米糠(ぬか)に多く含まれており、酸化防止、免疫機能の強化、癌の抑制等の効果が報告されている。γ-オリザノールは米糠油に多く含まれており、成長促進作用、間脳機能調節作用、性腺刺激作用などが報告されており、臨床的にも、自律神経失調症や更年期障害に有効とされている。

さらに、米糠に多く含まれているフェルラ酸やトコール類は、抗酸化作用があり、老化防止や生活習慣病の予防効果が期待されている。また、黒米や赤米に含まれるポリフェノール類も活性酸素消去機能が報告されている。玄米や胚芽を浸漬すると増加するγ-アミノ酪酸も、高血圧防止や、脳における血流促進等の機能性が注目されている。

## 5. 活発に研究される米の機能性

### 1) 新形質米を用いた研究

筆者らは、農水省の助成を受け、2005〜2007（平成17〜19）年の3年間、「新形質米の機能性を活用した新食品の開発」という共同研究を行った。この共同研究において、新潟

県農業総合研究所の作物研究センターと食品研究センターおよび（株）まつやのグループは、高アミロース米「新潟79号」の栽培特性の解明と利用加工技術の開発を行い、「こしのめんじまん」という品種が誕生し、「越の豪麺」という米100％の麺が開発された。

北陸センターと（有）応用栄養学食品研究所のグループは、糖質米「あゆのひかり」の発芽玄米を利用した高GABA（γ-アミノ酪酸）を含有したおはぎやおにぎりを開発した。また、石川県農業総合研究センターと北陸製菓（株）のグループは、黒米を利用したせんべいを開発した。

機能性の面では、「越の豪麺」は低GIを、「高GABAおはぎ」は高血圧や脂肪肝の抑制、「黒米せんべい」は活性酸素の消去を"売り"にしており、今後も機能性に関するさらなる研究開発が期待されている。

### 2) その他の米の機能性の研究

北海道では、道立中央農試の柳原らが、「ユキヒカリ」の低アレルゲン米としての利用を検討し、外層部を強く精白することによる効果を報告している。また、高アミロース米は食後の血糖上昇が緩やかであり、中アミロース米は食味と低GI性とを兼備する可能性を示唆している。

秋田県総食研の秋山らは、玄米とダイズの併用による活性酸素消去能の相乗効果について報告している。この効果を示す原因物質として、玄米中のビタミン$B_1$とダイズ中のイソフラボンが考えられており、日本の伝統的食事における機能性の効果が確かめられた点でも興味深い研究成果である。

（株）ファンケルでは、名城大と共同でネズミによる実験を行い、発芽玄米にアルツハイマー予防効果のあることを報告している。

和歌山県工技センターの谷口らは、築野食品工業（株）と共同で、米ぬか搾油ピッチからフェルラ酸を回収して抗酸化成分として利用するほか、誘導体化することによって癌予防成分を合成できることを報告している。

沖縄食糧（株）では、沖縄県工技センターと共同で、酵素処理による米飲料を開発し、アンジオテンシン変換酵素の阻害による血圧上昇抑制効果を報告している。

## 6. 米粉の新規用途開拓

米の機能性を引き出す研究は、商品開発にとどまらず、従来思いつかなかったような用途においての開発も行われている。

## (1) ライスパワー

徳島県の勇心酒造（株）では、酒造技術を活用して各種の米発酵エキスを開発し、徳島大学や九州大学と共同で、アトピー性皮膚炎の発症予防・悪化防止効果や、入浴剤としての温浴効果、リラクゼーション効果について報告している。

## (2) 膨化発芽玄米

名古屋市の吉村穀粉（株）では、農水省の助成を受けて、筆者らのグループと共同研究を行った。

機能性の期待される発芽玄米を高温高圧押出し装置（エクストルーダー）を用いて膨化加工し、その後に粉砕することによって、粒度が細かく、殺菌された粉末が得られる。この膨化発芽玄米粉末は、消化性が精米粉末より優れており、GABA や食物繊維、イノシトール、フェルラ酸などの機能性成分が多く含まれている。

さらに、麦芽や酵母と混合膨化することで、機能性を一層向上させることも期待できる。この膨化発芽玄米を利用した製品は、動物飼育試験によってではあるが、有意の高血圧抑制効果が認められた。

## (3) お米ペースト

静岡県立大の貝沼らは、米粉パンや米粉菓子を製造するに際し、米をそのまま使用するのではなく、水に浸漬して吸水させた後にマスコロイダーで水挽きし、$1〜10\mu m$ の細かい粒度の米ペーストとして加えることで、パン生地も軟らかくなり、パンや菓子の品質が小麦100％のパンや菓子に類似したものとなることを報告している。

## (4) 糊化組成物としての米の添加

1978〜1980（昭和53〜55）年の農水省事業「米の新加工食品の開発」の中で、食総研の高野がエクストルーダー等による α化米粉添加パンは、生の米粉添加パンに比べて老化しにくいと報告している。

筆者らはこの報告を基に、前任の食総研において、2001年頃から α化米粉のパンへの添加を試み、発芽玄米のエクストルーダー膨化物およびそのパンや麺への添加に関する研究を行い、2008（平成20）年に特許化された。その後、高アミロース米を中心とする MA（ミニマムアクセス）米の在庫の活用を図るべく、高アミロース米のミルク炊飯、ヨーグルト炊飯の研究を行い、その炊飯米粉を添加したパンを試作し、2006（平成18）年に特許を出願した。

## (5) 赤タマネギ発芽玄米

　筆者らは、発芽玄米の利用拡大を図るために、迅速発芽技術の開発に取り組んだ。玄米は発芽によって軟らかくなり、GABA をはじめとする機能性成分も増加する。しかし、通常の発芽玄米製造においては、30℃以上の温水に一晩以上浸漬するため発酵臭が発生したり、衛生面での懸念が生じる。そこで、各メーカーでは、製造後に加熱殺菌したり、乾燥工程を加えることで品質を確保してきた。

　当研究室では、タマネギ、特に赤タマネギを加えて浸漬することによって玄米の発芽が促進され、発芽工程での微生物繁殖も抑制されることを見いだした。これによって発芽性の劣る原料米品種の場合にも発芽率が向上し、数時間で発芽することがわかった。さらに、浸漬中にタマネギの有用成分であるケルセチンなどの機能性成分も発芽玄米中に吸収されることが明らかになり、タマネギ浸漬液中で発芽させた玄米は、発芽玄米とタマネギの両方の機能性成分の効果が期待できることが明らかになった。

## (6) 焙煎炊飯粉末

　筆者らの研究室では、最近、米を焙煎炊飯後に粉砕することで、特徴的な米粉を製造する技術を開発した。

　本技術は、硬質米を焙煎した後に各種の副原料と混合炊飯し、色素、食物繊維、グルコース等を増強し、炊飯後に乾燥して粉砕することで、外観、機能性、呈味性にすぐれた加工食品とする。すなわち、色彩が鮮やかで、優れた味と生理機能性とを兼ね備えた米粉を製造することができる。

　たとえば、天然植物色素、リコピンや食物繊維などの機能性成分、グルコースやアミノ酸等の呈味性成分を多く含む新規米加工食品である。

　硬質米を用いることで、炊飯後の乾燥作業性がよく、レジスタントスターチを多く含んだ製品となる。また焙煎することにより、原料精米の表面に細かいひびが生成し、調理時の呈味成分や機能性成分の吸収を促進する。副原料としては、たとえば、トマト、味噌、イチゴ、枝豆、エビ、豚肉などと混合炊飯することにより、味と機能性を向上させることができる。

　これらの副原料を、前述の焙煎米と一緒に混合炊飯することで、味、外観、機能性を強化することになる。炊飯後、乾燥し、デンプンの老化を促進しながら粉末化を容易にする。乾燥後、粉末化することにより、パン、麺、菓子、トッピング等、多様な用途に利用が可能となる。

### (7) てんぷら粉

　新潟大では、日本精米工業会の依頼を受け、米粉の油ちょう時の吸油性の試験を行い、バッター用途としての各種米粉の適性評価を行った。

　各米粉の含水吸油率を測定した結果、水分含量・吸水力・損傷デンプン・糊化粘度特性値（コンシステンシー）と1％の危険率で有意差を示し、アミロース含量とは5％の危険率で有意差を示した。

　糯（もち）米粉を除いた全ての米粉の含水吸油率は、小麦粉（薄力粉）の約60％と、低い値を示した。また米粉および小麦粉のバッターによる天ぷらの官能検査（パネル12名）の結果、サクサク感と総合評価において5％の危険率で有意に米粉の評価が高かった。

　アミロース含量および糊化粘度特性値（コンシステンシー）が高い米粉は、官能検査においても高い評価が得られ、これらの物理化学測定値がバッターの食味の指標になる可能性が示された。食生活の西欧化が要因とされる生活習慣病（糖尿病・高血圧等）や肥満予防のためにも、バッターとして米粉を使用することにより、吸油量の少ない食感の良い天ぷら料理ができると推測された。

　試料は市販小麦粉を対照とし、もち米、一般米、高アミロース米を静岡製機（株）によって微細製粉したものと、当研究室の衝撃式小型粉砕器で粉砕したものを用いた。また、市販の米粉も用いた。試料粉の糊化特性は、もち米の粘度が低く、一般米（コシヒカリ）の粘度が高かった。高アミロース米の場合は、最高粘度はコシヒカリより低いが、冷却時の粘度増加は著しかった。

　試料粉を水と混合し、キャノーラ油を用いて180度で揚げた。吸油量は、市販小麦粉（薄力粉）ともち米で多く、一般米はそれよりも少なく、高アミロース米は著しく少なかった。さらに、米のアミロース含量と糊化特性が、吸油量のよい指標になることが明らかになった。

　米粉と小麦粉を各々バッターとしてグリーンアスパラガスを揚げ、食味試験を行った結果、米粉のほうが小麦粉よりもサクサク感があり、食味が良好であった。

## 7. 米粉を使った地域の商品開発の現状

　各地域における米粉の新規用途への取り組み例としては、農水省の「米粉利用の推進について」などによると、以下の通りである。

　北海道では、まるみ食品合同会社による深川産米「ふっくりんこ」を100％使用した「米粉の焼きドーナツ」を道の駅・物産館等で販売しており、来夢館では北見市の食品加工研究センターで製粉した米粉を使い、シフォンケーキを製造・販売している。（株）あ

きもりでは、皮に米粉を使った餃子を製造、具材も道産食材を使用し、札幌市内のカフェで提供している。

青森では、十和田市の道の駅「とわだぴあ」において、青森県産の米粉を使い、生産者自らパンやケーキを調理・販売している。

岩手では、米粉用米の生産者と食品メーカーのマッチングを県が推進し、一野辺製パンと岩手ふるさと農協が連携し、2009（平成21）年から、県産「ひとめぼれ」（新規需要米）を原料とした米粉パンの製造・販売を開始している。

秋田では、全国初のJA直営コンビニ「JAンビニannan」で米粉製粉機を導入し、三種町産「あきたこまち」を使ったコメワッサンや米粉餃子を製造販売しており、こめっこ工房輝楽里では仙北市の農業者の作った特別栽培米「あきたこまち」を使い、米粉80％の米粉パンを製造販売している。

山形では、農事組合法人りぞねっとにおいて、国産米粉100％を使用した麺「GABA入り発芽玄米ビーフン」、「りぞねっと米粉麺」、「汁なし担々麺」を地元道の駅やインターネットで販売している。

新潟では、障害者就労施設「パン工房妙高」において、妙高産米粉100％のパンを製造し、市内14小中学校に提供している。

富山では、富山市菓子工業組合において、「富山ブランド開発研究会」（11加盟店）を立ち上げ、県農林水産総合技術センターが開発した赤米の米粉を使用した菓子を製造・販売している。

石川では、(株)ヤマト醤油味噌が、ノンシュガー、ノンアルコールの米粉甘酒（玄米あま酒）を販売している。

福井では、(株)アジチファームが福井県産「コシヒカリ」の米粉85％と、イネ発酵粗飼料で育てた牛の牛乳を使った「ミルク米パン」を地元の業者・大学と共同開発し、県内のスーパーや直売所等で販売するとともに学校給食へも供給している。

群馬では、米粉を小麦粉に配合することで良食味の米粉加工食品を開発した例として、星野物産（株）が全農と協力し、衝撃式粉砕機によって平均粒度約30μmに微粒化した米粉（ミクロライスパウダー）を小麦粉に配合することにより、米粉含有パン、米粉含有麺、プレミックスなどを開発し、エーコープで販売している。

岐阜では、(有)レイクルイーズが、県産米ハツシモを使用した「米麺（べーめん）」をインターネットや地元の生協、道の駅などで販売している。

愛知では、道の駅「どんぐりの里」において、県産米（稲武産米）の米粉が生地に入った「お米の粉入りあんぱん」を販売している。

滋賀では、里山パン工房が地元マキノ町の産米を自家製粉し、米粉パンを道の駅（マキ

ノ追坂峠）や地元保育所、レストラン、ホテル等で販売している。

　京都ではNPO法人・京・流れ橋食彩の会が、地元八幡市産「ヒノヒカリ」の米粉を使用し、地元野菜などを取り入れた米粉パン、100％米粉のロールケーキ、マドレーヌなどを商品企画し、宿泊施設（四季彩館）やアンテナショップ等で販売し、米粉麺作りの体験教室も開催している。

　奈良では、そにこうげんファームガーデン「お米の館」において、自家製粉の米粉を使用し、地元の野菜を使った「ほうれん草パン」などの商品を企画し、約30種類の米粉パンを製造販売している。

　広島では、食協（株）が米粉70％に馬鈴薯デンプン30％を配合した米粉麺「おこめん」シリーズを、広島県内を中心として学校給食に提供するとともに、首都圏スーパーでも販売している。

　長崎では、パティスリーオオムラにおいて、地元雲仙市千々石町の棚田米の米粉を100％使用し、雲仙市瑞穂町産お茶を使った「緑茶、米こめロール」を開発した。店頭販売のほか、県内の各種物産展などに出店している。

　熊本では、県が「くまもとの米粉」サイトを開設し、学校給食への米粉パン導入の補助、米粉FOODコンテストの開催、県産米粉食品に貼付する統一ロゴマーク入りシールや店頭ポップ等の配付など、県内全域に普及促進活動を展開している。たとえば、熊本県立鹿本農業高校生が考案した「コメロンパン」を地元パン店、阿蘇デリシャスとの連携により、地元百貨店、空港、駅、首都圏百貨店等にて販売し、県産原料米消費量は14t（2007～2009（平成19～21））年に上っている。また、味千ラーメンでは、自社3店舗で「熊本コメ拉麺」、「米麺馬肉炸醤麺」をメニュー提供し、今後もメニューをリニューアルする予定。

　大分では、（株）ライスアルバが、地元県産米粉パンを自社店舗で販売、県産米粉ロールケーキを製造し、北海道、千葉、栃木、大阪等のスーパーに販売している。

　宮崎では、（有）福富農産が、自ら生産した米で米粉パンを製造し、近隣スーパー等で販売している。

　沖縄では、オキコ（株）が米粉を100％使用した食パン「米まる」を地元生協でカタログ販売している。

## 8. 米粉の市場拡大に向けて

　上述のように、米粉の研究開発ならびに商品化は盛んに行われており、わが国の食料自給率を向上させるためにもきわめて重要な分野である。今後、わが国は人口が減少し、高齢化も進むので、残念ながら国内市場の大きな増加は望めない。そこで、海外、特にアジ

アに米および米加工品を輸出することが考えられる。

　米や米粉を原料とする地域ブランド食品や日本ブランド食品を積極的に開発し、世界に進出するに際しては、稲の品種や米加工品の工業所有権を確保した上で進めることが望ましい。農水省でも国産農産物の品種の育成者権を守るために種苗法の改正を行い、品種登録を迅速化するとともにDNA判別なども利用する品種Gメンの増員を行っている。

　わが国においては、米は小麦などの他種穀類に比べて価格が高いため、圃場の大規模化や直播の拡大、あるいは多収品種の開発などによって低コスト化を図ることが課題となっている。同時に、米の高価格性を凌駕するような高付加価値化もまた1つの方向である。たとえば、米食の機能面での優位性、米に含まれる各種の機能性成分の利用、新加工技術の米加工への適用、機能性に富む新品種の活用、米の新規用途の開発などによって、米の高付加価値化を図ることが、わが国の水田を守り、農家および米加工業界の所得を増やすことにつながっていくものと考えられる。

　これらの課題を解決してくれるものとして、米粉には大きな期待が寄せられている。

（大坪研一）

# 第2章　米粉の種類と加工用途特性

## 1. 米粉の種類

　米粉は、大きく粳（うるち）を原料とする上新粉と、糯（もち）を原料とする求肥粉や白玉粉に分けられる。

　昔は、粳を原料とする米粉も粒度により名称が異なり、粗いものが上新粉、細かいものが上用粉と呼ばれていた。しかし、近年は粳を原料とする米粉を総称して、上新粉と呼ぶことが多い。さらに近年では、製粉技術の発達により、図2-1に示すように微細米粉と呼ばれる米粉が新しく登場してきた。

　そこで、まず上新粉と微細米粉の相違から、米粉の性質・加工性について見てみる。

### 1）上新粉と微細米粉

　上新粉と微細米粉の違いは、粒度によって区分される。また、その粒度は製粉方式によって違ってくる。

　上新粉は、製粉方式により胴搗き粉、ロール粉、衝撃粉などに分けられる。また、微細

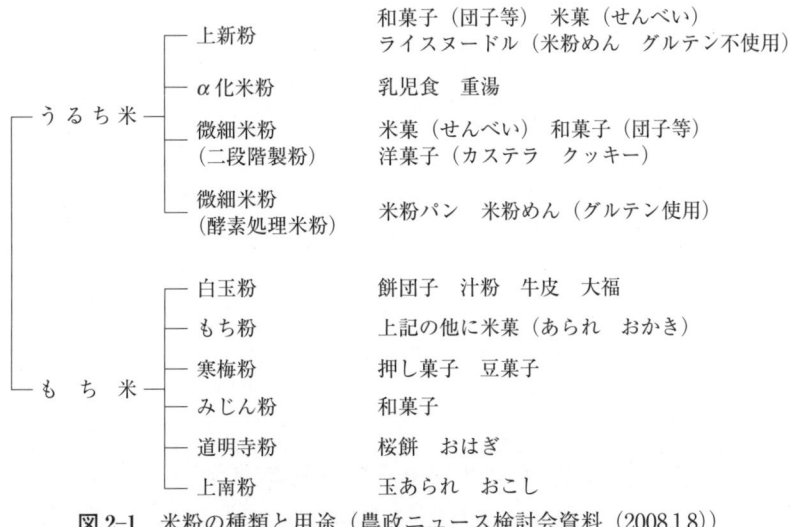

| 原料 | 種類 | 用途 |
|---|---|---|
| うるち米 | 上新粉 | 和菓子（団子等）　米菓（せんべい）<br>ライスヌードル（米粉めん　グルテン不使用） |
| | α化米粉 | 乳児食　重湯 |
| | 微細米粉<br>（二段階製粉） | 米菓（せんべい）　和菓子（団子等）<br>洋菓子（カステラ　クッキー） |
| | 微細米粉<br>（酵素処理米粉） | 米粉パン　米粉めん（グルテン使用） |
| もち米 | 白玉粉 | 餅団子　汁粉　牛皮　大福 |
| | もち粉 | 上記の他に米菓（あられ　おかき） |
| | 寒梅粉 | 押し菓子　豆菓子 |
| | みじん粉 | 和菓子 |
| | 道明寺粉 | 桜餅　おはぎ |
| | 上南粉 | 玉あられ　おこし |

図2-1　米粉の種類と用途（農政ニュース検討会資料（2008.1.8））

米粉の製粉方式としては、ターボミル粉が挙げられる。これら製粉方式の粒度分布を、**図2-2**に示した。上新粉で一番細かい胴搗き粉は平均粒度255メッシュであるが、150メッシュより粗い区分を約20％含んでいる。これに対して、ターボミル粉と呼ばれる製粉方式の微細米粉は、150メッシュより粗い区分はほぼ0％である。

ここで、メッシュとは1平方インチ当たりの篩目の数で、たとえば250メッシュであれば、縦横1インチ当たり250等分した$250^2$の篩目のことをいう。150メッシュであれば$150^2$の目があいており、目開き径は250メッシュの篩目より大きい。150メッシュを境として、この篩目を通過した粉と、通過できない細粒に区分される。

日本工業規格のメッシュと目開き径の関係を**表2-1**に示す[1]。これから、150メッシュの粒径は、ほぼ100μm即ち約0.1mmとわかる。また、平均粒度とは、これより粗い区分の割合と細かい区分の割合を50：50に分ける点の粒度を示す。したがって、上新粉は、粒と粉が混在した状態のものといえる。

一方、ターボミル粉は150メッシュより粗い区分はなく、粉のみで構成された粉体である。このように、細粒を含有する上新粉に対して、細粒を含まない粉のみの米粉を微細米粉と称して区別する。気流粉砕もターボミルと同様に、微細米粉を調製する製粉法で、両者の差異は後述する。

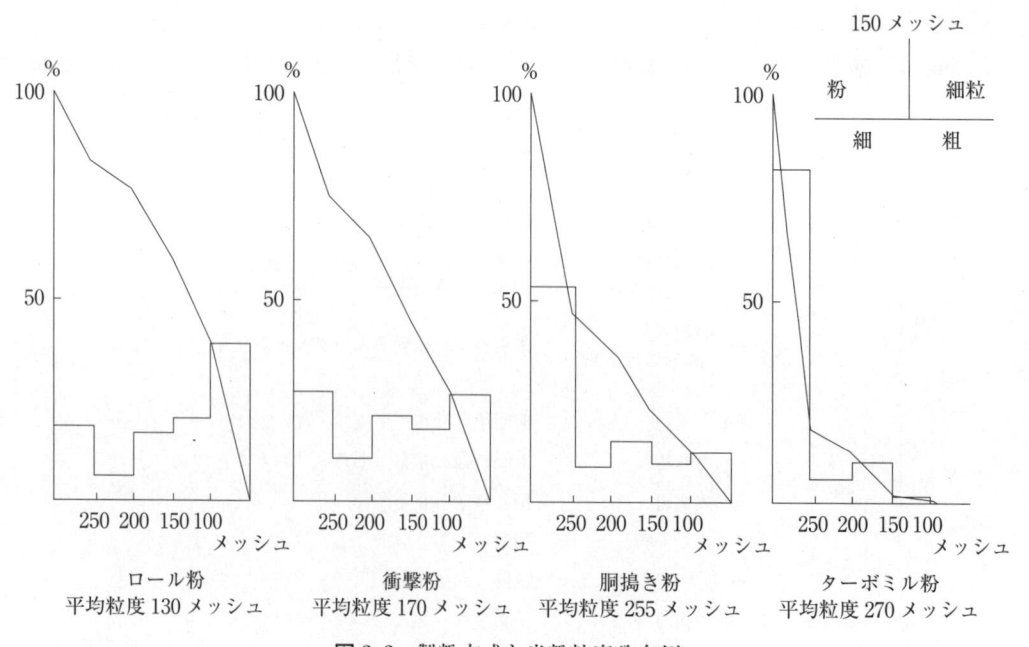

図2-2 製粉方式と米粉粒度分布例

## 2）細粒と粉

　粒と粉の違いを知るため、胴搗き粉を**図2-3**のように150メッシュの標準篩で篩別し、篩上の細粒と篩を通過した、いわゆる篩下の粉を**図2-4**に示す。細粒がざらついている感じが見て取れる。

　また、細粒と粉を別々に20gづつ秤取すると、**図2-5**のように粉は山型になる。この斜辺と底辺のなす角を安息角というが、細粒は安息角がごく小さいことがわかる。

　さらに、水を加えてこねると、**図2-6**のように細粒は等倍の水で生地がこね上がるが、粉は1.5倍の水を加えてようやく生地となり、このとき、細粒はスラリー状になる。

　この、水の吸水性の差が、粉と粒の大きな違いの

表2-1　粒度メッシュとミクロン
（日本工業規格　JIS Z 8801 (1966)）

| $\mu$m | メッシュ |
|---|---|
| 5,660 | 3.5 |
| 4,000 | 5 |
| 2,000 | 9.2 |
| 1,000 | 16 |
| 500 | 32 |
| 250 | 55 |
| 149 | 100 |
| 105 | 145 |
| 74 | 200 |
| 63 | 250 |
| 44 | 325 |

文献1）より抜粋

図2-3　150メッシュ篩別前の胴搗き粉

図2-4　150メッシュ篩上（左）と篩下（右）

図2-5　細粒（左）と粉（右）の採取状態

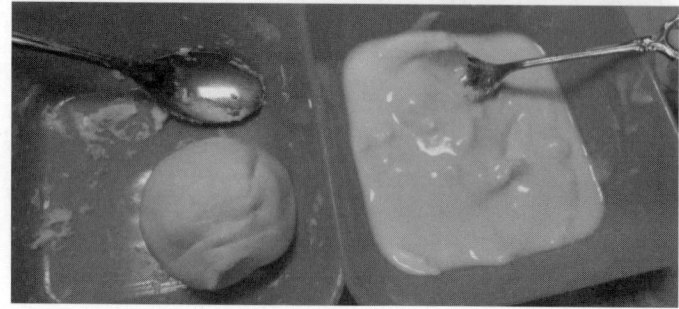

図 2-6　細粒（右）と粉（左）の加水 1：1（上）と 1：1.5（下）の状態

1つである。

次に、水に懸濁してその沈降粒径を測定すると、**図2-7** のように、150メッシュの細粒区は測定開始直後の 150μm から沈降を始めているのに対し、250メッシュの篩下区は1時間程度放置した 50μm 近辺からようやく沈降が進み始める。

また、同じ粒度であっても製粉方式により沈降速度に差が認められ、沈降性が単に粒径のみに依存するものでないことを示している。沈降の遅い胴搗き粉と沈降の早い衝撃粉の粒子形状は **図2-8** のようで、胴搗き粉粒子は表面粗度が大きく、衝撃粉は平滑であり表面粗度が沈降性に影響していることがわかる。

細粒と粉の沈降性の加工上の意味を例えれば、細粒は雨に、粉は霧に当たる。即ち、細

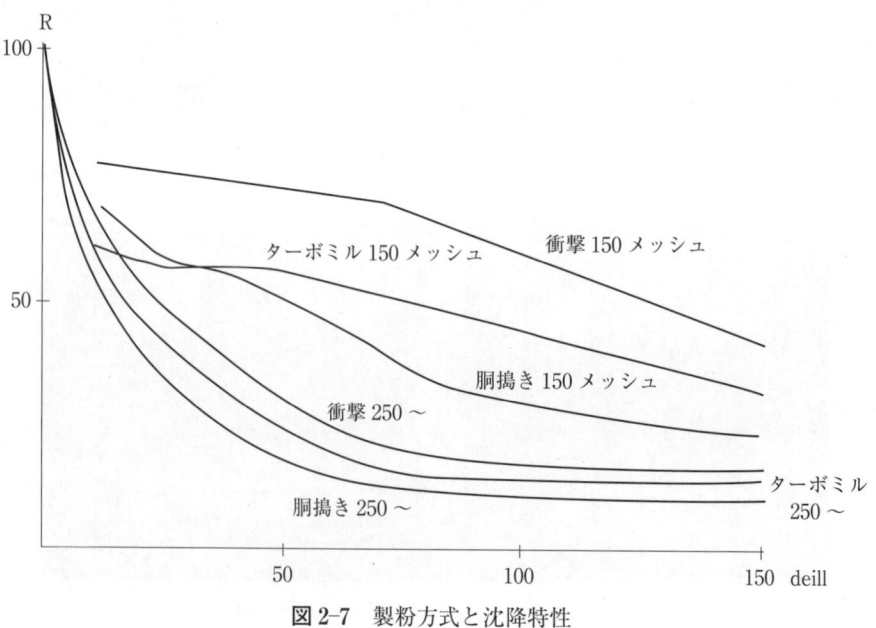

図 2-7　製粉方式と沈降特性

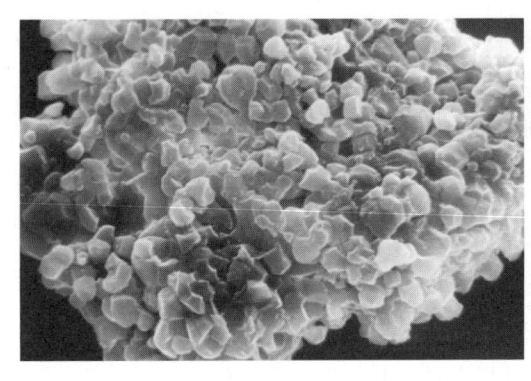

第 2 章　米粉の種類と加工用途特性

胴搗き粉　250 メッシュ以下　　　　　　　衝撃粉　250 メッシュ以下

図 2-8　胴搗き粉と衝撃粉の粒子形状

粒は、発酵などで生じた泡の界面を破って沈み、パンなどを焼いてもふくらみが弱い。一方、粉は気泡界面に浮き膨化を妨げないため、米パンやカステラ、ケーキなどが楽しめる。

　このように、米粉は粒の特徴を持つか粉の特徴を持つか、また粒子表面の粗度が大きいか平滑かなどによって、吸水性や生地の膨化性に違いが生じるため、それぞれの特性に呼応した加工法が要求される。

## 2. 上新粉の加工

　上新粉は細粒を含むため、一般的には細粒をつぶすための加工機が必要である。

　粉体加工機は図 2-9 のように蒸しと練りが一遍にできる蒸練機が用いられる。

　蒸練するには、上新粉の水分が約 30％程度になるように水を加えて混合する。これを 1 次加水と呼ぶ。加水により粉はソボロ状になる。この状態で 15 分程度放置する。これを「寝かせ」と呼ぶ。寝かせをとった粉を蒸練するときに加水し（2 次加水）、約 40％の水分になるよう蒸練機中の粉に直接加え、約 8〜10 分

図 2-9　蒸練機

蒸気を入れて蒸練する。このとき、約1分程度で蒸練機から蒸気が噴き出し、粉の温度が90℃以上に到達していることがわかる。粉の温度が上昇しないうちは蒸気は噴き出さないので、蒸気の噴き出し時間で昇温速度が判断できる。

この加熱速度が、粉中のデンプンが糊となって流れるのを防ぎ、しこしこ感のある生地の生成を可能とする。炊飯では、米粒中のデンプンは細胞壁に包まれているため約10分で沸点に到達する昇温速度が適しているが、15分で沸点に達する速度では、細胞壁があってもデンプンが糊として流れ出て、ベタついてしまう。

蒸練後、生地は図2-10のように練り出し機にかけられ、杵で搗かれる。製餅方式により、図2-11のように各々特有の物性を持った餅となる。これが、店ごとの持ち味の生地をもたらし、贔屓（ひいき）のお客がつくゆえんとなる。

しかし、そのような加工機を持たない一般家庭では、細粒を含んだ上新粉でケーキやパ

図2-10　練り出し機

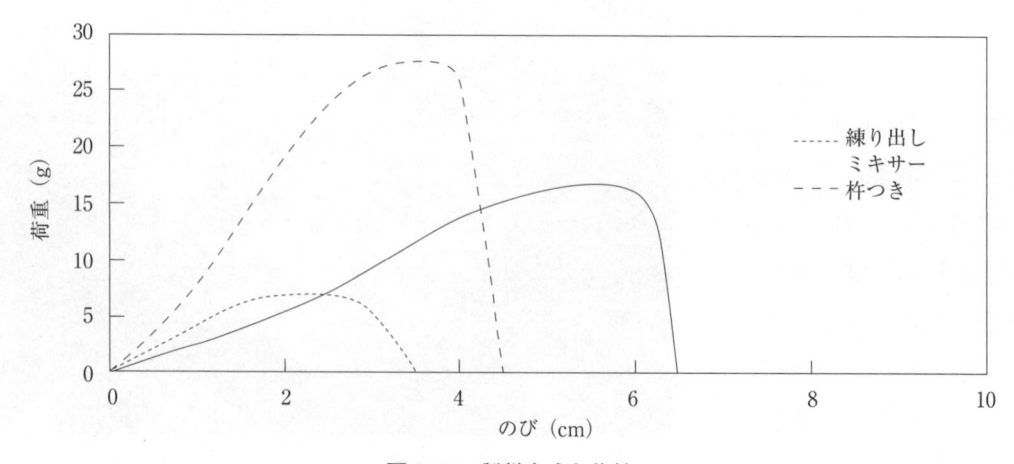

図2-11　製餅方式と物性

ンを作ったりすることは難しく、米粉の利用を阻んできた。粗挽きのままでもうまく利用する方法が伝統食に残っており、その代表に軽羹を挙げることができる。とろろ芋に砂糖を加えることにより比重と粘性を高めて、細粒が沈降するのを防ぎながら蒸し上げる手法で、汎用的に利用してよい技術の例といえる。

このように、上新粉の加工性は基本的には粉の吸水性と細粒区分をつぶす加工、粉中のデンプンを糊として流さない加熱速度が決め手と言える。

## 3. 微細米粉の製法

新潟県では米粉の汎用性を広げるため、細粒のない微細米粉の製法の研究に平成元年ころから取り組みを開始し、2つの微細米粉の技術を開発した。

1つは、粉体粒子の表面粗度が大きく吸水性があり、団子や米菓、パン、ケーキに向く微細米粉、もう1つは細粒のように表面粗度が小さく、安息角が小さい特性を有する微細米粉で、吸水性の視点で正反対の性質を有する微細米粉の製法である。前者を二段階製粉、後者を酵素処理製粉と呼称している。各々の詳細については次章に記述されているので、ここでは前出のターボミルと、気流粉砕による微細米粉の製粉方法について述べる。

### 1) ターボミルと気流粉砕

いずれも微細米粉を調製できる製粉法であるが、気流粉砕は湿った米を粉砕する際に米から約8％以上水分が抜け、いわば、米が乾燥しながら粉砕される。すなわち水分30％の米が粉砕機に投入されると、水分が約20％の米粉が得られる。製粉にかかる過剰のエネルギーは乾燥に消費されるため、デンプンへのダメージが小さい製粉法である。

一方、ターボミルは製粉中の水分の飛びがほとんどないため、粉中のデンプンへのダメージが大きい。

ダメージが大きいと冷水中へのデンプンの溶出度が上がり、ベタつき、器具への付着が大きくなり、作業性が低下する。また、加工時の水分の移行を妨げるため老化性が早まり、生地の伸展性が低下する。**図2-12**に、胴搗き粉団子にターボミル粉の冷水可溶デンプンを加えた生地の伸展性の低下を示す。したがって、微細米粉の製造には、デンプン損傷の低い気流粉砕のほうが、ターボミルより適している。

また気流粉砕は、米が気流に乗って鋼板にたたきつけられるときに米粒組織に沿って崩落し、組織単位の粒子となるため、組織表面が平滑で粗度が小さい粒子となる。組織に沿っての崩落は、乾燥に伴う水分の移動が組織に沿って起こるためと推察される。

一方、ターボミルは、ローターに螺旋状に配置された刃と、それを包むシリンダー内壁

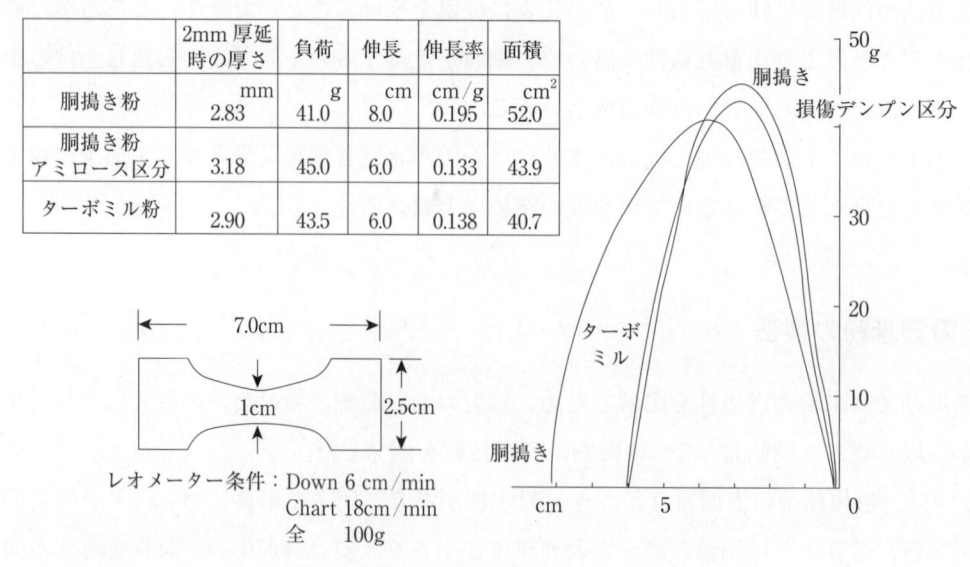

|  | 2mm厚延時の厚さ | 負荷 | 伸長 | 伸長率 | 面積 |
|---|---|---|---|---|---|
|  | mm | g | cm | cm/g | cm² |
| 胴搗き粉 | 2.83 | 41.0 | 8.0 | 0.195 | 52.0 |
| 胴搗き粉アミロース区分 | 3.18 | 45.0 | 6.0 | 0.133 | 43.9 |
| ターボミル粉 | 2.90 | 43.5 | 6.0 | 0.138 | 40.7 |

レオメーター条件：Down 6 cm/min
Chart 18cm/min
全　　100g

図2-12　損傷デンプン区分の有無と生地伸展性

のクリアランス（シリンダー壁と刃のすき間）が小さく粒子が擦り込まれて、いわば鏡面仕上げのように磨かれるため、粗度は小さく比容積も低いが、デンプンにダメージが発生すると想定される。

## 4. 微細米粉の楽しみ方

　微細米粉の、家庭での楽しみ方の一端を紹介する。
　先に、米粉一般の加工上の特性として、加熱速度の重要性を述べた。特に、微細米粉は表面積が大きく、ゆっくり加熱すると糊が流れ出やすいので、加熱速度の速いピザやライスペーパーなどの加工品が適している。
　ピザは、パンのレシピで水分80％程度に加水、混合して厚さ3mm程度にのばして300℃のオーブンで約1分、270℃であれば約5分で焼けば、デンプンが流れ出ずパリッとして美味しい。この用途にはパン用米粉ミックスが適している。
　ライスペーパーは、大豆粉や卵白などタンパク系資材を加えてスラリー状に練り、130℃のホットプレート上に薄くのばして約1分焼き上げる。これを皿や茶碗に整形してオーブントースターで焼けば、簡単に可食容器ができる。おにぎりに巻いてキャラクター化も容易であり、テーブルで気軽な表現遊びが可能となる（図2-13）。この用途には加水量の多い二段階製粉の米粉が適している。

図2-18 ライスペーパーで遊ぼう

　パンはゆっくり加熱されデンプンが流れやすいので、酵母の代わりにベーキングパウダーを2％程度配合し、蒸しパン生地としてから圧延すれば、餡を包んで団子としたり、ナンなども容易に作れる。

　パンとして食べたい場合は、ゆっくりした加熱に対しデンプンが流れ出ない工夫が必要である。1つは、硬水を使ってデンプンの流出を抑える。たとえば、深層水のにがり利用やミネラルの多い野菜の活用が挙げられる。また、豆乳や大豆粉等のタンパクで包み、デンプンの流出を抑える。これは、シフォンケーキなどの卵の効果と同じである。油脂を加えてデンプンを包み込むことも効果があるが、効果が大きすぎると粒子のままになり粉っぽくなる。

　小麦粉が、こうした難しさが生じない理由の1つは、デンプンのアミロースが26％程度と高く、そのアミロースが糊の溶出を防いでいるからである。現在では、米粉用に高アミロース米が育種されてきているので、こうした難しさを要しない加工ができる日が近いといえるが、逆にこうした難しさこそが、小麦粉と違う米粉の特徴を引き出す決め手ともいえる。

　楽しい使い方をどんどん編み出し、米粉文化進展の一翼を担っていただければ幸いである。

◆ 参 考 文 献
 1) 種谷真一：食品工学ポケットブック pp.274-275 （株）工業技術会 （1994）
 2) 江川和徳：農林水産技術研究ジャーナル　26 (10) （2003）
 3) 有坂将美、中村幸一、吉井洋一：澱粉科学　39 (3)：155-163 （1992）
 4) 宍戸功一、江川和徳：新潟県食品研究所・研究報告　27 p.26 （1992）
 5) 地域重要新技術開発促進事業：北陸産米の品質・食味工場技術の確立　p.12 （平成7年3月）

〈江川和徳〉

# 第3章　米粉の製造—新潟製粉（株）の例

## 1. 新潟県の開発

　米の消費が減少し続け、全国で米の生産調整（減反）が実施されるなか、農家は農業に対する意欲を失いつつある。特に水稲単作地域は厳しい状況下にあり、弊社の所在する新潟県黒川村（現胎内市）も例外ではない。

　1998（平成10）年当時の生産調整面積は、稲作付面積全体の約30％にも達して、農業の衰退が顕著となり、奨励される転作作目を作付するにも気候風土が折り合わず、大豆の集団作付の取り組みや大麦生産も苦戦していた。

　そのような状況下、当時の伊藤村長が、新潟県で開発された米の製粉特許技術の情報を得て、新規米粉製造のための専用工場を建設したのが、新潟製粉（株）である。全国で初めて大型プラントを導入して、微細米粉の大量生産を可能にした、その取り組みについて紹介する。


　近年の食品に対する消費者ニーズは、1人ひとりが自分の嗜好に合ったものを買い求める方向にシフトしはじめており、それらに併せて商品の種類も多様化してきている。そのため、米についても米飯として食べるだけでなく、他資材と配合したり、ボイル、焼成と、自在な加工が可能となる米粉の開発に、新潟県が着手することになったのである。

　米粉の種類は、でんぷんの糊化状態から「非加熱の米粉（生粉）」と「加熱済みの米粉（α粉）」に大別される。生粉は、使用する原料が「粳（うるち）米」の場合は上新粉、「糯（もち）米」の場合は求肥粉、白玉粉などに分類されている。

　また、粉体粒子が粗い米粉としてロール粉や衝撃粉があり、細かい米粉としては鉄製の杵で米を搗きつぶす胴搗き粉がある。

　これらの米粉は製粉方式固有の性質を有しており、粒度や粉体粒子の形状が製粉方式により異なっている。しかし、実際には固有の形状を持ちながら、種々の形状の粒子が混在する、粉体特性の異なる粒子の集合体である。

　これに対し小麦粉の粒子は、上新粉に比べ非常に細かく、粒形も丸みを帯びていて、大

きさも揃った集合体である。

これらのことから、米粉が小麦粉用途に適用できる要件を、以下の5項目と位置づけた。
① 粒度（粒子の大きさ）
② 嵩密度（粒子の密度）
③ デンプン損傷の度合い
④ 粒形の丸さ
⑤ 粒子表面の平滑さ

これらの条件を踏まえて新しい製粉技術の開発が進められたのである。

## 2. 新潟県の新技術

### 1）二段階製粉技術

　従来の上新粉用途だけでなく洋菓子などにも対応できる、デンプン損傷の少ない、粉体特性の揃った微粉を製造するための技術研究が進められた。

　課題としては、米粒は小麦粉に比較して外層は細胞配列が緻密で硬いため、通常の製粉方法ではガラスビーズを砕いたように形状が不揃いで粗い粉になる。さらに、微粉にする際のデンプン損傷を抑制する必要があった。

　これらの課題を克服するため、米を洗米し浸漬した後、圧偏ロールで外層の硬い層を強制的につぶしてヒビを入れてから粉砕する方法が考案され、さらに微粉にかかわるデンプ

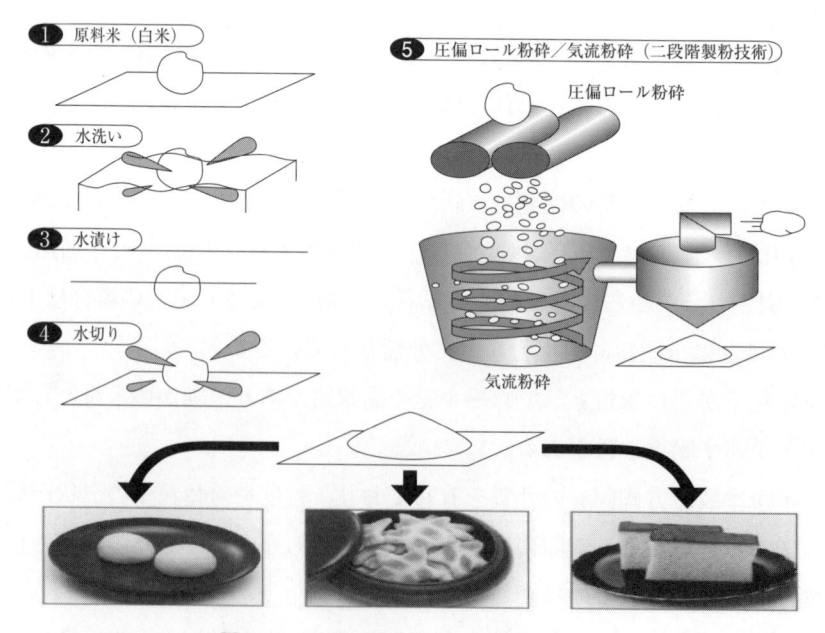

図3-1　二段階製粉（新潟県開発技術）

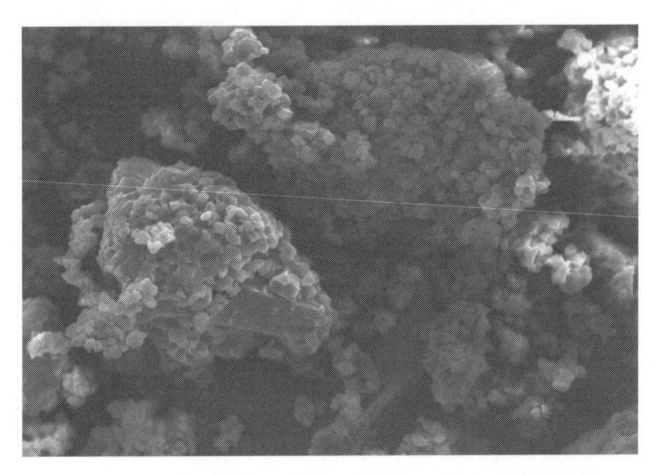

図3-2 二段階製粉で製粉した米粉の電子顕微鏡写真
（(財) にいがた産業創造機構　中村幸一氏提供）

ン損傷を抑制するため、気流粉砕機を導入した。気流型粉砕は粉砕中に乾燥が伴うため、過剰エネルギーが乾燥に消費され、粒子に残らないという特性を生かすことができた。

二段階製粉を図3-1に、また、二段階製粉で製粉した米粉の電子顕微鏡写真を図3-2に示した。

## 2) 酵素処理製粉技術

米は粒の中心部から放射状に細胞が配列した構造体のため、個々の細胞は硬い細胞壁で囲われている。このため、細胞壁を壊し、デンプン複粒が米粒内に詰まった状態にすれば小麦と同じ粉質となるのではないかと考えられた。

そこで、小麦粉により近い物性の米粉を製造するため、粒度が40μm以下と細かく、安息角50度以下、濡れ特性が0.02mm$^2$/秒の、以上3要件を満たすことが求められた。安息角は、粒子の形状が丸みを帯びていること、濡れは粒子表面の平滑性を追求する研究が進められた。

課題は、米の細胞壁をどのように壊すかということで、デンプンにダメージを残さず細胞壁を壊すために、酵素の利用が検討された。

その結果、米の浸漬時にペクチナーゼという酵素を加えて細胞壁を分解し、その後、脱水、気流粉砕、乾燥して小麦に近い特性を持つ米粉が完成した。

この方式で製粉された米粉は、バイタルグルテンを配合して、米粉パン・米粉麺や小麦粉に配合して餃子の皮、洋菓子類にご利用いただいている。図3-3に酵素処理製粉技術を、図3-4に酵素処理製粉で製粉した米粉の電子顕微鏡写真を示した。

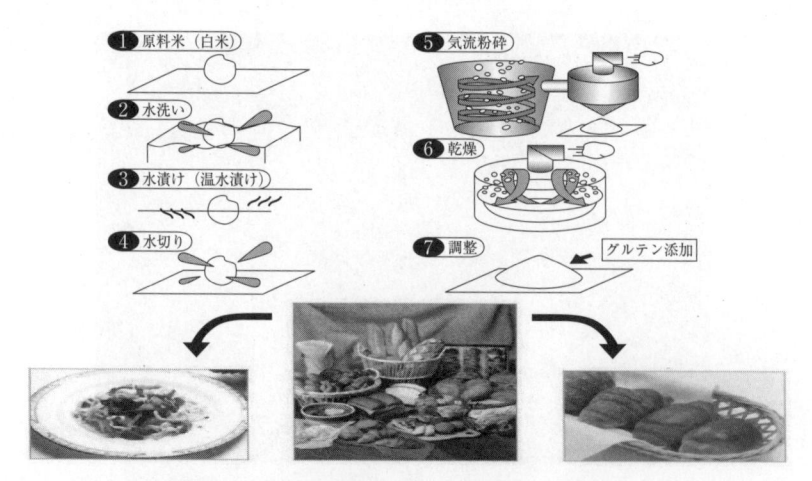

図 3-3　酵素処理製粉技術（新潟県保有特許）

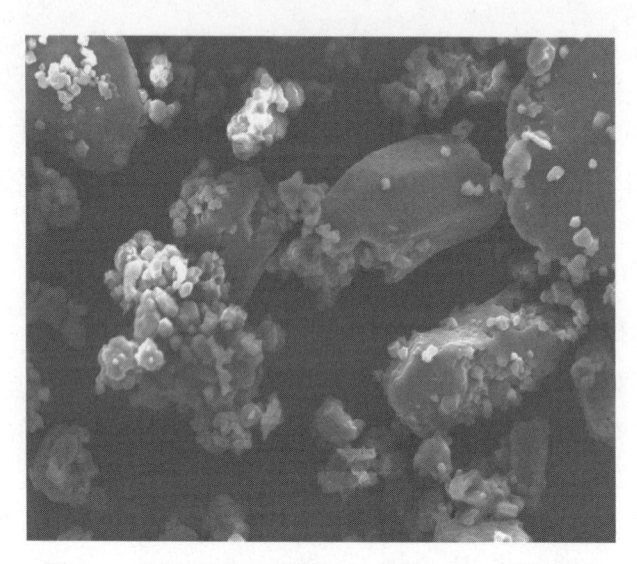

図 3-4　酵素処理製粉で製粉した米粉の電子顕微鏡写真
（(財)にいがた産業創造機構　中村幸一氏提供）

## 3. 新潟製粉（株）での米粉の製造

　新潟製粉（株）は、上記の技術を活用し、1998（平成 10）年に製粉工場を建設した。当時検討されていた原料は特定米穀（国内産米の篩下米（ふるいしたまい））であり、生産年により発生量が不均一で、相場制のため価格の高い原料であった。また、品質についても、安定性を出すにはデンプンの成熟度合いを見極めなければならないなど難しい条件が重なり、試行錯誤を繰り返す日々であった。

その後、原料米については、創業時の「特定米穀」から「現物弁済米」(2005 (平成17) 年産米)、現在では「新規需要米」と変化してきている。新規需要米は、2008 (平成20) 年度より開始された制度によるもので、その制度とは、小麦粉代替に使用する米粉について、需要者と契約をすれば国が生産に対し助成してくれるという、食料自給率の向上を目的としたものである。

このほかに、生産製造連携事業計画を策定して国の認定を受けると、米粉関連施設整備への補助や税制特例措置を受けることができる。弊社もこの制度を活用して、2010 (平成22) 年3月に第二工場を竣工し、現在に至っている。

基本的な米粉の製造方法は、前述の新潟県保有特許技術を活用しているが、特に力を注いだのは食品工場としての衛生管理と品質管理である。第二工場では、各工程を「ウエットエリア」(汚染区) と「ドライエリア」(非汚染区) に分けて、管理項目を洗い出し対策を練った。また、品質管理室を設置し、専属の人員を採用して、工程管理および品質管理の向上を図った。

基本的な工程は、以下のとおりである。

|洗米| ……米に付着しているヌカや異物を洗米して除去する
↓
|浸漬| ……二段階製粉では常温水、酵素処理製粉では酵素を溶かした温水にて浸漬する
↓
|脱水| ……付着水を脱水する
↓
|粉砕| ……二段階製粉では圧偏ロール機で外層を粉砕後、気流粉砕機で粉砕する
　　　　酵素処理製粉では気流粉砕機で粉砕する
↓
|乾燥| ……熱風により米粉を乾燥する
↓
|混合| ……二段階製粉ではロット毎に水分調整。パン用米粉は酵素処理米粉にグルテンを添加する
↓
|パッキング| ……製品を規定包装にてパッキング

上記の方法で製粉された米粉は、それぞれの用途に応じて調整される。

① パン用ミックス粉

　酵素処理した米粉にバイタルグルテン、麦芽糖や酵素などを添加してミックス粉として製品化している。パン用途への分類としては、菓子パン用とそれ以外のパン用とで区分けしている。

② 麺用ミックス粉

　酵素処理した米粉にバイタルグルテン、キサンタンガムを添加したミックス粉であり、学校給食などでいろいろな麺製品にご利用いただいている。

③ 酵素処理米粉

　酵素処理した米粉のみで製品化している。主な用途としては、クッキーや餃子の皮などとして小麦粉と併用されることが多い。

④ 菓子用米粉

　二段階製粉した米粉のみで製品化している。この米粉のみでロールケーキやシフォンケーキなどの洋菓子類や米菓を作ることができる。小麦粉と併用して、天ぷら粉としても好評をいただいている。

## 4. 今後の課題

　米粉は現在、国の積極的な支援により普及が進んでいる。例えば「フードアクション・ニッポン」の中に「米粉倶楽部」を開設して、メディアも利用した宣伝広告が繰り広げられている。また、新規用米の生産助成や施設整備など、50万tの米粉利用を目標に、国を挙げて取り組まれていることは歓迎すべきことである。

　しかし、さらなる利用用途の拡大と、継続して商品を提供していくためには、各企業における研究開発が重要である。国内産米の消費拡大を目指して、生産農家の方々、関連企業、そして官民一体となったより一層の連携が必要と考えられる。

（藤井義文）

# 第4章　米粉パン好適品種とその特性

## 1. 小麦粉と米粉のパンの違い

　一般に、スーパー等で手軽に購入できる米粉として、和菓子の製造に使われるうるち米の粉の1つである上新粉がある。上新粉の用途は、団子やせんべい等の菓子・米菓用途がほとんどであり、小麦粉のように広範囲に加工利用されない。この、米粉と小麦粉とで大きく利用方法が異なる理由は、タンパク質「グルテン」の有無による。

　グルテンに水を加えて捏ねると、粘りと弾力のあるガムのような性質を持つ構造物となる。この性質を利用して、小麦粉からは様々な加工食品が作られる。小麦粉パンを製造する場合においては、生地中でグルテンが網目構造を作り、その網目構造に発酵で生じた気泡が入り込んで生地を押し拡げる結果、細かい気泡が入ったふっくらとしたパンができる。ところが、米粉には、そのようなボリュームがあって、ソフトなパンを作るために重要な働きをするグルテンが含まれていない。そこで、米粉を利用して作るパンは、①米粉に小麦由来のグルテンを2割程度添加する（グルテン添加米粉パン）、②小麦粉に米粉を5〜50%程度混合する（米粉混成パン）、③米粉の一部を前もって糊化させる、ないしは米粉にグアーガム等の増粘多糖類を添加する（100%米粉パン）ことにより製造している。

## 2. 米粉パンの特性

### 1) グルテン添加米粉パンにおけるアミロース含有率の影響

　米粉の主要成分であるデンプンには、通常、グルコースが直鎖状に連なったアミロースと、グルコースが枝分かれしたアミロペクチンが含まれる。アミロースとアミロペクチンの比率（アミロース含有率）は、食品加工では重要な形質の1つであり、デンプンの糊化特性に影響するが、米粉パン製造においてもアミロース含有率が品質に影響する（図4-1）[9]。

　さまざまなアミロース含有率の米から調整した米粉でグルテン添加米粉パンを製造したところ、「ミルキークイーン」や「スノーパール」等の低アミロース米品種（含有率5〜15%）の米粉で製造した食パンの食感は、しっとりしてモチモチ感が強いが、過度に軟ら

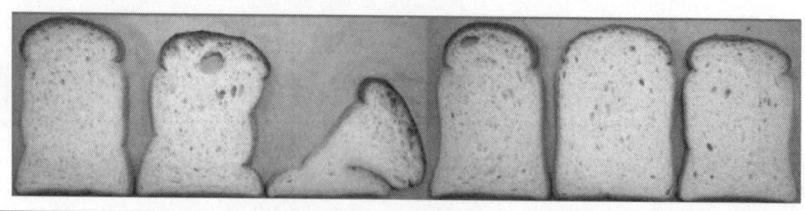

|  | コシヒカリ | LGCソフト | 朝つゆ | 北陸166号 | 夢十色 | みずほのか |
|---|---|---|---|---|---|---|
| アミロース含有率（％） | 17.6 | 10.0 | 6.8 | 18.0 | 35.6 | 17.9 |
| タンパク質含有率（％） | 6.0 | 6.6 | 5.3 | 6.5 | 6.5 | 6.0 |
| 内相部硬度（hPa/mm²） | 81 | 21 | ― | 79 | 290 | 54 |

図4-1　アミロース含有率の異なる米粉で作製したグルテン添加米粉パンの形状と内相部硬度
（山型食パン：米粉85％＋グルテン15％で製造）

かく腰折れ、パンの側面が潰れる傾向が認められた。また、高アミロース米品種（同25％以上）ではパンの形状はしっかりしているが、製造後の日数が長くなると硬くパサパサする傾向が認められた。それに対して、「コシヒカリ」、「日本晴」等日本の一般的な食用イネ品種や「タカナリ」等の多くの多収穫米品種（4.1）参照）の、アミロース含有率が中程度（17～23％程度）の品種の米粉を用いた場合には、腰折れもせずそれほど硬くもならず、かつしっとり感やモチモチ感があり、米粉パンに最も適する結果が得られた。なお、先に述べたように低アミロース米で製造した米粉パンは、腰折れのため食パンには適さないが、菓子パンやコッペパンの製造では、小麦粉パンにはないモチモチとした食感を活かせると期待されている。

## 2）米粉混成パンにおけるアミロース含有率の影響

大手製パン企業が主に製造販売する米粉パンは、米粉混成パン（米粉混成小麦粉パン）である。米粉混成パンに適する米粉のアミロース含有率は、基本的にはグルテン添加米粉パンの場合と同じであるが、米粉の占める割合が相対的に少ないため、アミロース含有率の影響は小さい傾向にある（図4-2）。すなわち、使用する米粉のアミロース含有率や米粉の割合にもよるが、低アミロース米品種の米粉を用いても腰折れは少なく、モチモチ感は十分に認められている。また、アミロース含有率が21～25％程度の、高アミロース米に近い品種の米粉を使用する場合も、製造直後ではパサパサ感や硬さはそれほど悪くないという結果が得られている。しかし、一般的に米粉パンで問題となっている日持ちの悪さや硬くなりやすい特性が、顕著になりやすい。特に、15℃以下のやや低めの温度で貯蔵した場合には注意が必要である。

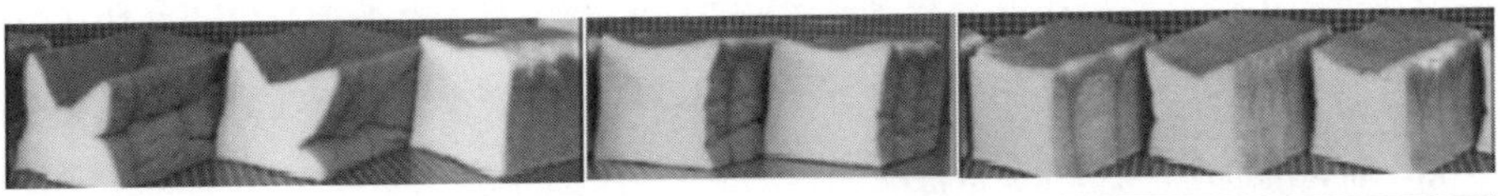

第4章　米粉パン好適品種とその特性

|  | ミルキープリンセス | ミルキークイーン | ホシニシキ | タカナリ | コチヒビキ | 夢十色 | 北陸166号 | コシヒカリ |
|---|---|---|---|---|---|---|---|---|
| アミロース含有率(%) | 8.5 | 8.5 | 22.6 | 16.9 | 21.2 | 32.1 | 17.7 | 17.5 |
| タンパク質含有率(%) | 6.4 | 6.3 | 6.2 | 8.7 | 6.2 | 7.0 | 7.2 | 5.2 |
| パンの硬化速度(g/日) | 25 | 23 | 47 | 36 | 44 | 43 | 29 | 39 |

図4-2　アミロース含有率の異なる米粉で作製したグルテン添加米粉パンの形状と硬化速度
（角型食パン：小麦粉70％＋米粉30％＋グルテン6％で製造）

## 3）100％米粉パンの製造方法

### (1) 増粘多糖類を添加した100％米粉パン

米粉混成パンでは、小麦粉を50～95％使用する。また、グルテン添加米粉パンの製造においては、小麦粉中に10％程度含まれるグルテンを抽出・加工し、使用する。米粉混成パンやグルテン添加米粉パンは、国産米の米粉を用いているとはいえ小麦粉はほぼ輸入品であり、海外の農産物に頼っているということに変わりはない。したがって、小麦粉やグルテンを使用しない米粉パンは、食料の自給力向上に寄与するものと期待される。なお、100％米粉パンの製造にはグルテンを用いていないので、小麦アレルギー疾患を有する方に好適なパンである。

まず、100％米粉パンの製造の鍵となるのは、それに適した米粉の選定と、グルテンなしでパン生地を膨らませる技術であり、グアーガム等の増粘多糖類を加える製造方法は、最も一般的な製法である。そこで、アミロース含有率等の組成に特徴がある米を材料とし、増粘多糖類を添加した製法で100％米粉パンを製造したところ、低アミロース米品種の米粉ではよく膨らみ、軟らかいパンとなった。それに対して、高アミロース米品種の米粉で製造した場合には、膨らみの悪い、硬いパンとなった。

### (2) グルタチオンを添加した100％米粉パン

増粘多糖類を用いずに、トリペプチドの1つであるグルタチオンを添加し、パンを膨らませる方法が開発された[11]。グルタチオンを米粉生地に添加し、一晩放置後に発酵させることで膨らみが増し、パンの比容積は無添加と比較して2.4倍まで高まった。グルタチオンの添加が米粉の比容積を高めるメカニズムはまだ明らかにされていないが、還元型のグルタチオンが米に含まれるタンパク質間の結合を切断することで、デンプンの膨潤・糊化

を促進するのではないかと推察されている。なお、グルタチオンはサプリメントとしては認可されているが、食品添加剤としては認可されていないので注意が必要である。

### (3) 前発酵処理した100％米粉パン

米粉を予め米麹によって前発酵させ、膨らみが向上した100％米粉パンを製造する方法も開発された。この方法により、対象と比較して約2倍程度膨らみが向上した。品質成分と製パン性の関係を解析した結果、15％程度以上のアミロース含有率であれば膨らみ、20～25％程度のアミロース含有率だと、膨らみと食感の両面でより好適であった。また、膨らみの向上には低グルテリン性が、食味の向上にはグロブリン欠損の特性がそれぞれ良い効果を示すことが明らかになった[7]。

以上のように、米粉パンはその種類（グルテン添加米粉パン、米粉混成パン、100％米粉パン）によって適する米のアミロース含有率等が異なるので、目的とする製品ごとに米粉や製法を選択する必要がある。

## 4) 米のタンパク質含有率と米粉パンへの影響

### (1) 高タンパク質含有米

多収穫米品種を多肥栽培すると、米の収量の増大が期待できるので、より低コストで米粉を生産することが可能になると考えられる。しかし、多肥栽培により増加する米のタンパク質含有率が、米粉パンの品質に悪い影響を与える可能性が考えられる。

そこで、施肥量を変えて複数のイネ品種を栽培することでタンパク質含有率の異なる米粉を作出し、それらの米粉を用いてグルテン添加米粉パンおよび米粉混成パンを製造し、その品質特性を調査した。その結果、タンパク質含有率の多寡は米粉パンの比容積や硬さに対してあまり影響しないこと、仮に多肥栽培により、高タンパク質含有率の米となっても、米粉パンの品質上、問題とならないことが明らかになった。

### (2) タンパク質変異米

タンパク質の組成については、「みずほのか」や「LGC1」のような低グルテリン米品種等の「タンパク質変異米」を用いて解析がなされている。低グルテリン米で製造したグルテン添加米粉パンでは、パンの比容積がやや高まる傾向[9]が、また米粉混成パンでは風味がやや良くなる傾向が、それぞれ得られている。最近、「奥羽405号」等の低グルテリンかつ26kDaグロブリン欠失米品種を用いた米粉混成パンは、風味やしっとり感、膨らみが良いことが明らかになった。米粉混成パンは大手製パン企業が製造し、最も消費が期待される米粉パンであるが、原料となる低グルテリンかつ26kDaグロブリン欠失米品種の栽培地は限られているので、日本全国で栽培可能な品種開発が望まれる。

### (3) 貯蔵タンパク質変異米「esp2」

九州大学で開発された貯蔵タンパク質変異体の1つである「esp2」は、グルテリン前駆体を集積する変異体である。この変異体を組み込んで栽培された米の米粉を用いてグルテン添加米粉パン（食パンおよびコッペパン）を製造した場合、比較品種「金南風（きんまぜ）」の米粉パンは大きく腰折れしたのに対し、esp2米粉パンでは「腰折れが小さい」という結果が得られている。esp2米粉パンは風味も良いので、収量性を高めるため、esp2米の品種改良が各地で行われている。(http://www.nias.affrc.go.jp/seika/nias/h20/nias02005.htm)

## 3. 米粉の粉体特性と製パン

### 1) 損傷デンプン含有率と米粉パンの特性

米の粉体特性がグルテン添加米粉パンの膨らみ（比容積）に影響することが明らかになっている[2]。米胚乳デンプン粒の詰まりは密であり、米粒は小麦粒よりも硬い。そのため、米粒を小麦粉のように細かく製粉しようとすると、粉砕時に大きな力を加える必要があり、デンプンが損傷を受ける。粉砕時の物理的な力（圧力や熱）によって損傷を受けたデンプンは「損傷デンプン」と呼ばれ、傷のない通常のデンプンと比べて水を吸収しやすく、米粒中の種子内在性デンプン分解酵素の作用も受けやすい[3, 10]。この損傷デンプン含有率が増大した結果、米粉パンの比容積が低下する（図4-3）。この損傷デンプン含有率の少ない米粉が製パンに適していることは、グルテン添加米粉パンの製造において明らかとなったが、米粉混成パンについても同様な傾向が認められている。なお、100％米粉パンについては今後の課題である。

### 2) 米粉パンに適する米粉の形状

小麦粉と一般的な米粉である上新粉では、グルテンの有無以外に粒子の大きさや形状にも違いがある。米粉パンの製造には、角張った米粉粒子が少なく、小麦粉並みに細かい米粉が適している。米胚乳には細胞壁に包まれた細胞がぎっしりと詰まっており、細胞内には多面体構造の単粒デンプンで構成された複粒デンプンが存在する。そのため米粒は小麦

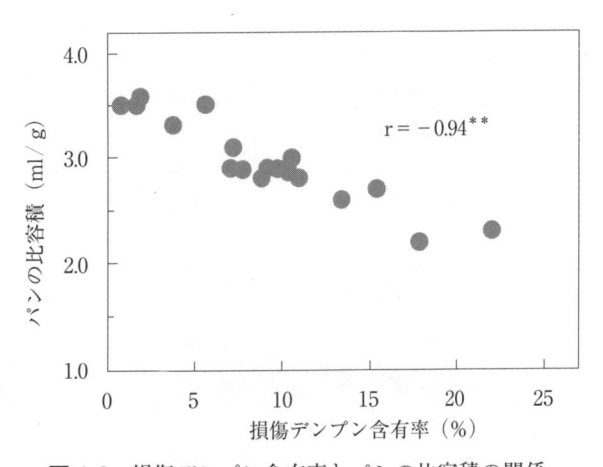

図4-3 損傷デンプン含有率とパンの比容積の関係
$r = -0.94^{**}$

粒よりも硬く、既存の粉砕方法では細かい粒子を得ることが難しかった。そこで、新潟県食品研究センターでは、精米をペクチナーゼ溶液で処理し、細胞壁を部分的に分解した後に気流粉砕する（酵素処理気流製粉）方法を開発した[6]。これにより、粒子が細かく、角張った粒子の少ない、そして損傷デンプン含有率の低い、米粉パンに適する米粉が製造できるようになった。

### 3）製粉方法と米粉パンに適する品種

　損傷デンプン含有率が少ない米粉を得るためには、先に述べた新潟県食品研究センターが開発した「酵素処理気流製粉法」が最適ではあるが[6]、高額で大規模な製粉施設と複雑な作業工程が必要となる。したがって、全国各地の地産地消の取り組みでは、資金や設備をあまりかけずに、小型で安価な粉砕機（ピンミル）を用いて、自ら生産した「米」を製粉して米粉としている（ピンミル乾式製粉）。そこで得られた米粉は、酵素処理気流製粉した米粉に比べて粒子が粗く、損傷デンプン含有率も高くなり、ふっくらとした食パンの製パンにはあまり適さないが、膨らみをそれほど考慮する必要のないコッペパンや惣菜パン等の製造は可能である。このように、ピンミル乾式製粉はその利用が限定的であるものの、地産地消と地域農業の活性化を目的とした自家製粉に利用できると考えられる。

　利用が限定的ともいえるピンミルを用いても、より米粉パン加工に適する米粉が調製できないか、製粉の簡便化、製粉コストの削減がより可能にならないかを、品種と製粉特性の面から比較解析した。その結果、心白や乳白の外観（白濁）を示す粳（うるち）米「粉質米」が、ピンミルで粉砕しやすいことが明らかになった[4]。これらの米粒の白濁した部分では、デンプン粒の詰まりは疎で、穀粒の硬度は透明な正常米粒よりも低い（**図4-4**）。粉質米をピンミルで乾式製粉した場合、損傷デンプン含有率の少ない粉になるので、酵素

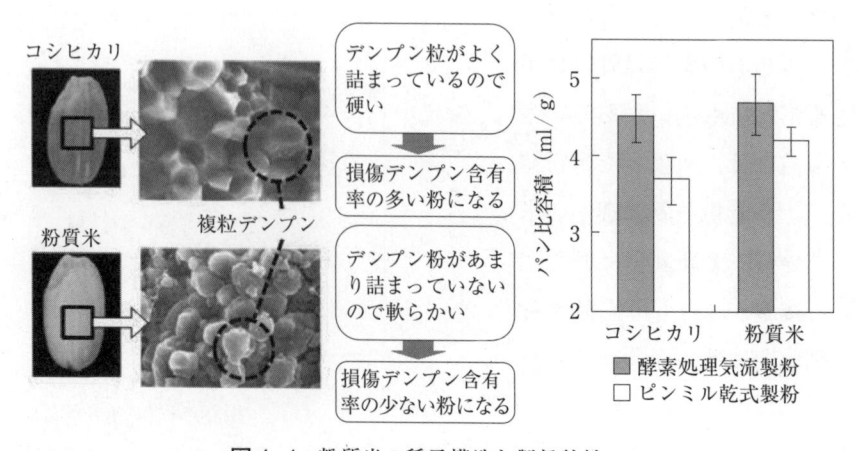

図4-4　粉質米の種子構造と製粉特性

処理製粉した米粉に近い、良い膨らみを示す米粉パンを製造することが可能となった[5]。このように、粉質米を利用することで製粉コストの削減が期待されるが、粉質米は砕けやすいため精米歩留まりが悪いというマイナス面がある。

2009（平成21）年に育成された「ほしのこ（北海303号）」は、粉質米品種としては精米歩留まりが高い。「ほしのこ」の精米歩留まりが高い理由は、玄米外側に硬い層があるためと推察されるが、詳細は不明である。なお、「ほしのこ」の粉質性に関する原因遺伝子は第5染色体上の PPDK 遺伝子と強く連鎖し、PPDK 遺伝子のエクソン内には2塩基の挿入によるフレームシフト変異が生じていることが明らかになった。この変異を判別する DNA マーカーが開発されたので、より高収量で、より精米歩留まりが高い系統の選抜が期待される。

現在、より精米歩留まりの良い「奥羽412号」等が育成されているほか、精米歩留まりを考慮する必要がない方法や、玄米を精米することなく直接製粉し、玄米粉として利用する方法が開発されている（次項で詳述）。

## 4. 米粉パン製造の低コスト化

### 1）多収穫米の製パン性

米粉の利用を拡大していくためには、安価で安定的な原料米の供給が不可欠であり、多収穫米品種を利用した低コスト栽培による原料米の価格低減が期待されている。農研機構では、各地域に適した多収穫米品種（一般品種に比べ、2〜4割多収）を育成している（図4-5）。多収穫米品種の中には飼料用に開発された品種も含まれるため、米の外観品質がやや悪い品種も多い。これら品種では心白や乳白の外観をもつ白濁粒が多く、粉質米としての特性をもつので製粉しやすい傾向がある。大半の多収穫米品種のアミロース含有率は、コシヒカリ並みかやや高い程度であり、焼成した食パンは腰折れがなく形状が良いので、米粉パン用の米粉として十分な特性を有している（図4-6）[1]。しかし、一部のアミロース含有率が高い品種や、米粉の糊化開始温度が高い品種（「クサホナミ」）では、パンの硬さや風味の面から米粉パンには適さないと考えられる。したがって、米粉パン用多収穫米品種の開発や選定においては、パンの形状に加え、成分の分析、パンの硬さや風味の評価を含めた製パン特性の検討が必要である。

なお、米粉パンへの利用に適する多収穫米品種としては、「べこあおば」、「べこごのみ」、「夢あおば」、「タカナリ」、「北陸193号」、「ホシアオバ」、「クサノホシ」等が挙げられる。

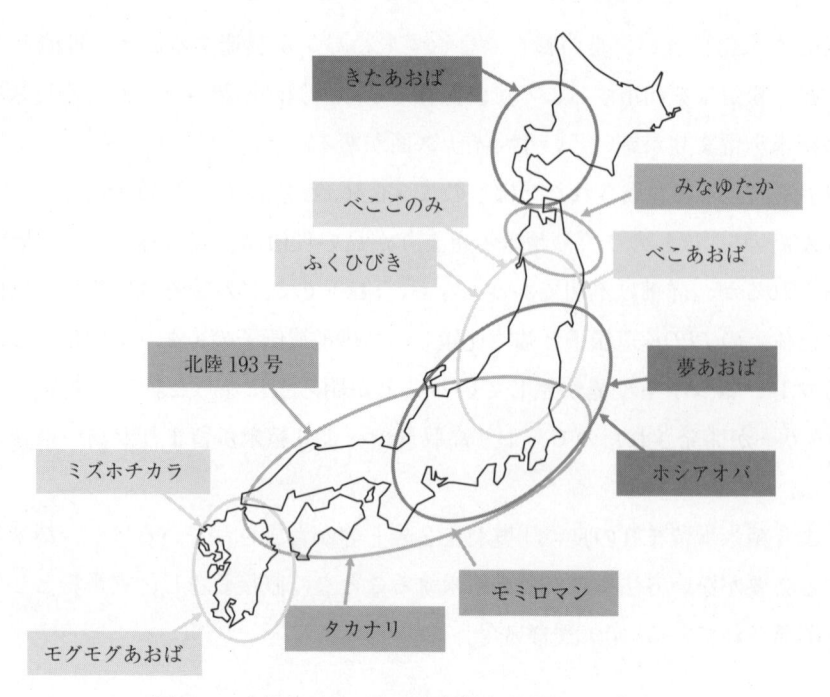

図 4-5　米粉利用が可能な多収穫米品種とその栽培地

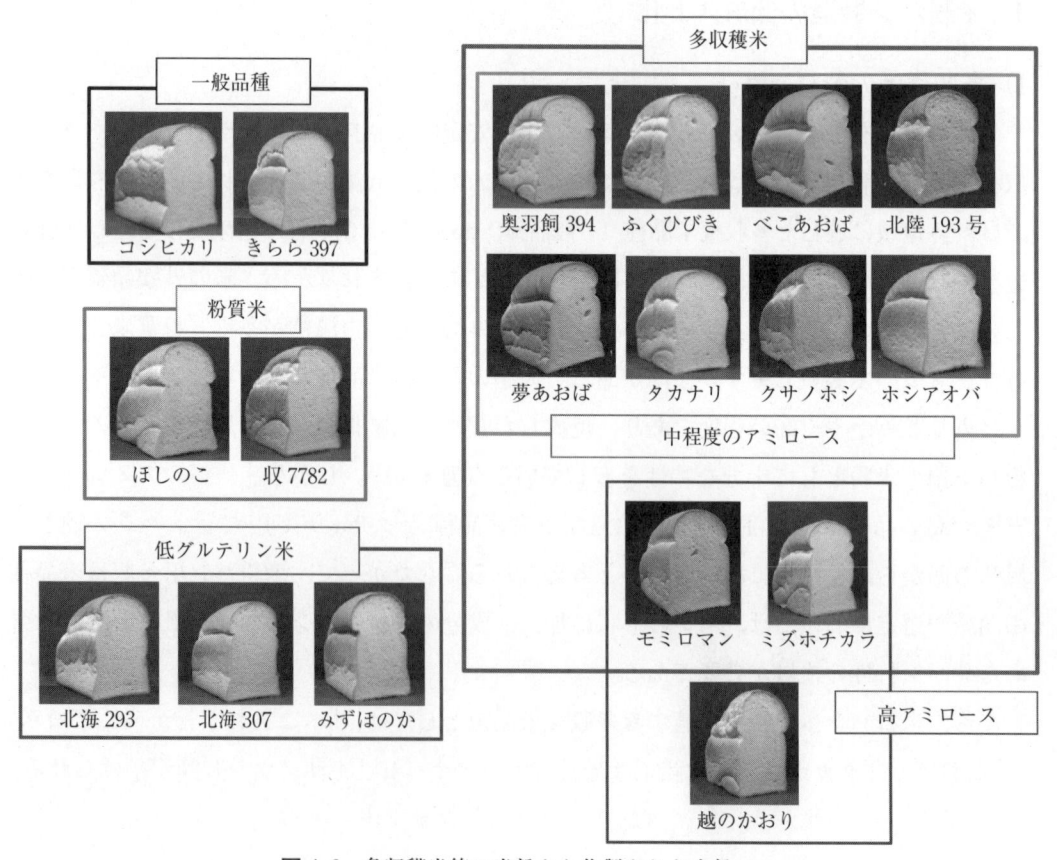

図 4-6　多収穫米等の米粉から作製された米粉パン

## 2) 玄米を用いた米粉パン

精米しないで玄米のまま粉砕し、玄米粉を製パンに用いることは、製粉コスト削減の点から有用な手段である。しかし、玄米粉や米ヌカの製粉機・製粉ラインへの付着や粉残り、そして精白米の米粉パンと比較して不十分な膨らみのために、玄米粉を用いた製パンの実用化はなかなか進まなかった。そこで、気流粉砕前の玄米の吸水時間と製パン性の関係を検討したところ、損傷デンプン含量は吸水時間の経過とともに低下し、12時間以降はほぼ一定となった[8]。また、玄米粉を用いて製造したグルテン添加米粉パンの比容積は、吸水時間12時間まで増大した後は一定に推移し、比容積と損傷デンプン含量には対応した変化が認められた（図4-7）。玄米粉で製造したパンの食味は、白米パンと同等、ないしはそれ以上の評価が得られており、特に、「玄米特有の甘みのある食味」と、「しっとりとした食感」が良いと評価された。さらに玄米粉パンは、ギャバやオリザノール等の機能性成分を含み、栄養的にも優れた米粉パンであることが明らかにされている。

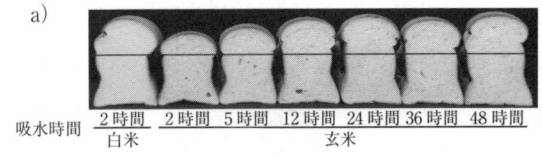

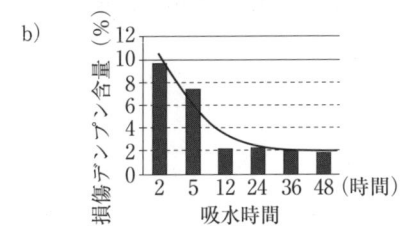

**図4-7** 吸水処理による玄米粉パンの膨らみ向上
a) 玄米の給水時間と玄米粉パンの形状
b) 玄米の給水時間と損傷デンプン含量の関係

## 5. 米粉パンの今後の展開

食料の自給率向上のための生産対策のポイントは、これまでにない新形質を有する米や多収穫米を栽培する水田の活用であり、米粉パン等への米粉利用はそのための方法として有効であると考えられる。しかし、食料の自給率向上のためとしても、美味しくなかったり、高価格な米粉パンであっては消費者に購入を強いることはできない。そこで、消費者が喜んで購入する、美味しく、安価で、そして安心して食べることのできる米粉パンの製造が必須である。

2008（平成20）年に、大手食品関連企業がグルテン添加米粉パンや米粉を20%添加した米粉混成パンの販売を開始した。しかし、それら商品はいつの間にか消えていった。この大きな理由は、米粉の価格が小麦粉と比較して高いことに加え、米粉パンの老化が早いという特性にあったと考えられる。本稿で記した多収穫米や玄米粉の利用は、小麦粉と比較して割高な米粉の価格を引き下げる効果が期待できる。また、低グルテリン・グロブリ

ン欠損米は、米粉パンの風味向上と日持ち性に効果が期待できる。

このように、アミロース含有率やタンパク質組成等の米の品質特性を理解するとともに、実需側の要望と評価を十分に把握することで、消費者に受け入れられる品質と特徴を有する米粉パンが開発されると期待される。

◆ 参 考 文 献

1) 青木法明、梅本貴之、鈴木保宏：グルテン添加米粉パンにおける多収性稲品種の製パン特性　日本食品科学工学会誌　57：107-113（2010）
2) Araki, E., Ikeda, T. M., Ashida, K., Takata, K., Yanaka, M. and Iida, S. Effects of rice flour properties on specific loaf volume of one-loaf bread made from rice flour with wheat vital gluten. Food Sci. Technol. Res. 15: 439-448 (2009)
3) 有坂将美、中村幸一、吉井洋一：製粉方法を異にした米粉の性質　澱粉科学　39：155-163（1992）
4) Ashida, K., Iida, S. and Yasui, T. Morphological, physical, and chemical properties of grain and flour from chalky rice mutants. Cereal Chem. 86: 225-231 (2009)
5) Ashida, K., Araki, E., Iida, S. and Yasui, T. Flour properties of milky-white rice mutants in relation to specific loaf volume of rice bread. Food Sci. Technol. Res. 16: 305-312 (2010)
6) 中村幸一：製粉技術の現状と課題　技術と普及　46（3）：28-31（2009）
7) 濱田茂樹、青木法明、鈴木保宏：特願 2010-266917
8) Hamada, S., Aok, N. and Suzuki, Y. Effect of soaking grain in water on the bread-making quality of brown rice flour. Food Sci. Technol. Res. 18：25-30（2012）
9) 高橋　誠、本間紀之、諸橋敬子、中村幸一、鈴木保宏：米の品種特性が米粉パン品質に及ぼす影響　日本食品科学工学会誌　56：394-402（2009）
10) 高野博幸、豊島英親、渡辺敦夫、小柳　妙、田中康夫：生米粉の性状がレオロジー特性および製パン性に及ぼす影響　食品総合研究所研究報告　48：43-51（1986）
11) Yano, H.: Improvements in the bread-making quality of gluten-free rice batter by glutathione. J. Agric. Food Chem. 58: 7949-7954 (2010)

（鈴木保宏）

# 第5章　米粉パンの特徴と課題

## 1. 粒食から粉食へ

　米の用途は、米飯としてそのまま食べる（粒食）か、それを粉砕した粉を利用する団子、米菓、打ち菓子などの和菓子用途に限られ、小麦粉のようにパン類、麺類、洋菓子類、天ぷら、から揚げなどの料理用粉として広範囲に利用されていない。その理由として、米粒中のデンプンは強固な細胞壁組織で覆われているため組織が硬く、従来の製粉方式では小麦粉のように細かく粉砕することが難しく、粒子が粗くなりやすい。また、無理に細かく粉砕しようとすると、粉砕機内の発熱によりデンプンが熱損傷を受け、加工性、製品品質ともに著しく低下してしまう。しかし、今後、米の需要拡大のためには、今や主食といっても過言ではないパン、麺を作るための粉体での利用が必須と考えられる。

　本章においては、江川らが開発した、米粉パンに最も利用適性が高いとされる酵素処理米粉（新潟県特許）を用いた米粉パンの製造を中心に、米と小麦の違いや、米粉パンの製造上の問題点と高品質な米粉パンの製造法等について述べる。

## 2. 米と小麦の違い

　まずはじめに、米と小麦の違いと特色について述べる。
　① 粒の断面構造
　　米粒の断面構造は楕円形で、糠層（ぬか）が外周を取り巻き、中心部から放射状に細胞膜に包まれたデンプンが詰まっているのに対し、小麦は外皮が粒の中心部までくい込み、ハート型を呈している（図5-1）。また、小麦はタンパク質の少ないものは白い粉状を、多いものは光沢のある硝子状を呈している。

　　したがって、米は精米機で糠層が簡単に除去できるのに対し、小麦は前述のとおり、外皮が粒の中心部までくい込んでいるため、精白して米飯のように炊く等の粒加工では中心部の外皮を取り除くことが非常に難しい。良質な小麦粉を製造するためには、調湿、挽き割り、ふすま分離、粉砕（粗砕→微粉砕）と篩分け（ふるい）の繰り返し、最終段階

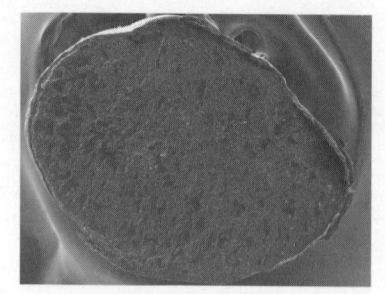

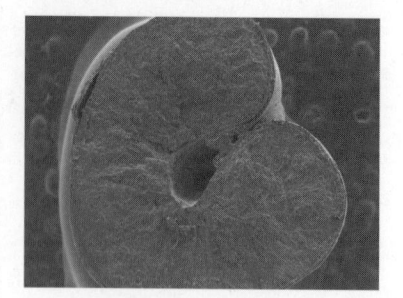

米粒の断面（SEM画像）　　　小麦粒の断面（SEM画像）
**図5-1**　米粒・小麦粒の断面

**表5-1**　食品のタンパク質含量、アミノ酸スコア

| | タンパク質含量<br>(g/可食部100 g) | アミノ酸スコア | 制限アミノ酸 |
|---|---|---|---|
| 米 | 6.8 | 65 | リジン |
| 小麦粉　強力粉 | 11.7 | 38 | 〃 |
| 　　　　中力粉 | 9.0 | 41 | 〃 |
| 　　　　薄力粉 | 8.0 | 44 | 〃 |
| 大　豆 | 35.3 | 86 | メチオニン、シスチン |
| 鮭（生） | 20.7 | 100 | なし |
| 豚（ロース　脂身なし） | 19.7 | 100 | なし |
| 牛　乳 | 2.9 | 100 | なし |
| 全　卵 | 12.3 | 100 | なし |

五訂食品成分表より抜粋

での調合など、複雑な操作を経て製造されている。

② 栄養成分の違い

　米、小麦ともに主成分はデンプンで、各々70％程度含まれており、タンパク質含量は米に比べ小麦粉のほうが高い。しかし、タンパク質中の必須アミノ酸の構成比が異なり、タンパク質の栄養価の指標となるアミノ酸スコアは米のほうが高く、良質なタンパク質を含んでいる（**表5-1**）。

③ 加工機能の違い

　米にはグルテンが全く含まれないのに対し、小麦にはグルテンが含まれていることが両者の大きな違いである。小麦粉はグルテン含量の違いによりパン用、麺用、菓子用などに分類されているが、米粉にはこのような分類はない。

　また、デンプンの性質も大きく異なる。米（粉）は加熱糊化時に多量の水を必要とし粘性が高くなるのに対し、小麦（粉）は米に比べ加熱時の粘性は低いが、冷却後の粘性が大幅に高まるなどの特性を有し、出来上がった製品の食味や物性を左右する。

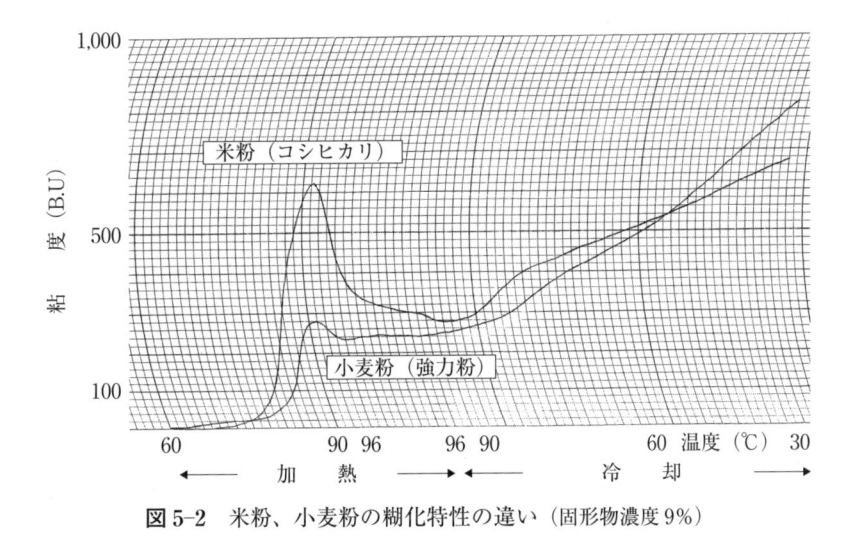

図5-2 米粉、小麦粉の糊化特性の違い（固形物濃度9％）

　カスタードクリームなどに小麦粉を用いるのは、加熱して糊化させたデンプンが時間の経過とともに冷却され、粘りを有する塊になる性質を利用しているのである（**図5-2**）。
　一方、米にはうるち米ともち米があり、それぞれの特徴を生かした利用の仕方があり、多数の加工食品が日本の伝統食品として生み出され、多種多様な製品が出回っている。

## 3. 米粉パン製造に適する米粉の特性

　米粉パン製造に適する米粉の具備条件は、以下のようなことである。
　①粒子が細かく、かつ、粒形が丸みを帯びており、②水の浸透性がよく、③米粉やグルテンとの親和性が高く、④吸水性が低い。これらの性質を満たす米粉の製造方法として、酵素処理米粉の製造技術が開発されるに至っている。
　酵素処理を行った米粉は200メッシュの篩を95％通過し、強力小麦粉や従来法の胴搗き製粉に比べ非常に細かい粒度の米粉が得られている。また、粉末グルテンを15％混合したミックス粉を用いたパン生地の吸水性について、酵素処理米粉では、加水率が75％前後で出来上がったパンの品質が良好となるのに対し、酵素処理米粉に比べ、さらに細かい粒子の米粉が得られる二段階製粉方式により製粉した米粉を用いた場合は、吸水性が非常に高く、2次発酵（ホイロ）までは順調に発酵し十分なボリュームが得られるが、焼成工程においては焼き縮みが起こり、膨れが悪く重い食感のパンとなり、品質良好なパンを得ることが難しい。

表5-2 米粉の製造方法および小麦粉の粒度分布　　　　(%)

| 粒度区分 | 酵素処理米粉 | 上新粉<br>(胴搗き製粉) | 強力小麦粉 |
|---|---|---|---|
| 60メッシュ残 | 0 | 0.2 | 0 |
| 100メッシュ残 | 1.6 | 2.4 | 0 |
| 150メッシュ残 | 3.0 | 16.9 | 2.7 |
| 200メッシュ残 | 0.7 | 20.8 | 26.4 |
| 200メッシュパス | 94.7 | 59.7 | 70.9 |

表5-2に、米粉の製造方法と小麦粉の粒度分布を示した。

## 4. 品質良好なグルテン配合米粉パンの製造方法

### 1) パン工場における米粉パンの製造

　グルテンを配合したパン用米粉ミックスを用いて、小麦粉パンと同様の製造工程により製造した米粉パンは、2次発酵（ホイロ）や焼成工程において表面の穴あき、断裂などの障害が著しく、膨らみがよく表皮がなめらかできれいな形の品質良好なパンを得ることは難しい。

　その原因は、添加した粉末グルテンが元の小麦粉に比べ、発酵による生地の膨張により損傷しやすいためと考えられる。即ち、パンは小麦粉のもつグルテン形成の特性を最大限に発揮した加工食品である。小麦粉生地がグルテンを形成する原理は、小麦粉に含まれるグリアジンとグルテニンと呼ばれているタンパク質成分の存在によるものであり、水を加えて捏ね合わせることにより両者が複雑にからみ合って、水に不溶性の性質をもつグルテンが形成され、パン生地となるのである。

　一方、米粉パン製造に利用される粉末状のグルテンは、工業的には小麦粉に水を加えて練り合わせた後、グルテンウオッシャーと呼ばれる装置でデンプンなどを洗い流し、乾燥、粉砕されて製造される。そのため、パン用米粉ミックスに混合される粉末グルテンは、米粉パン製造の際のミキシング工程において「グルテンの再形成」を余儀なくされることとなる。したがって、小麦粉パン製造におけるグルテン形成との性質の違いを明確にすることが、品質良好な米粉パン製造のためより重要と考えられる。

　そこで、グルテンの損傷を極力抑制し、かつ、発酵香味が十分に生成された米粉パンの製造工程について検討した。そのポイントは、次のようなことである。①原料を軽く混ぜ合わせる程度にして、グルテンを形成させることなく1次発酵を行う。②発酵終了後、油脂と砂糖の一部を加えてミキシングする。③ミキシング後直ちに分割・成形し（丸め、ね

第5章 米粉パンの特徴と課題   45

```
米粉ミックス＋油脂以外の原材料
        ↓
      混　合     低速で30秒程度（グルテンを出さない）
        ↓
      発　酵
        ↓
   ミキシング（油脂添加）
        ↓
     分割・成形   ねかせ工程を省略
        ↓
     ホイロ発酵
        ↓
      焼　成
```

> 添加されている粉末グルテンはミキシング後の発酵・膨張により切れやすいため、生地が出来上がったら直ちに分割・成形する。

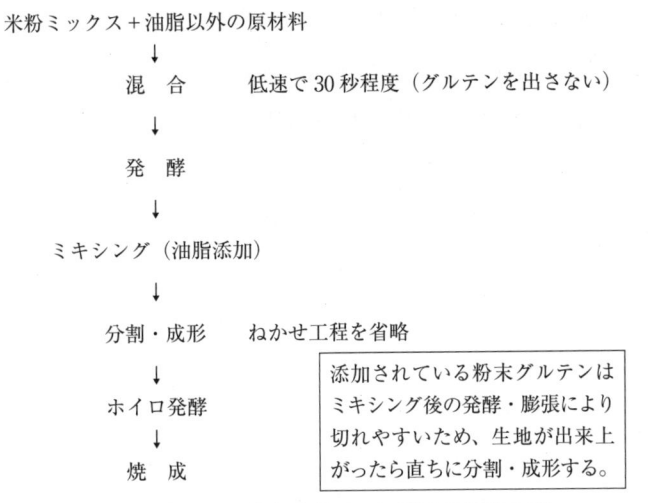

図5-3　グルテン配合米粉パンに適する製造工程

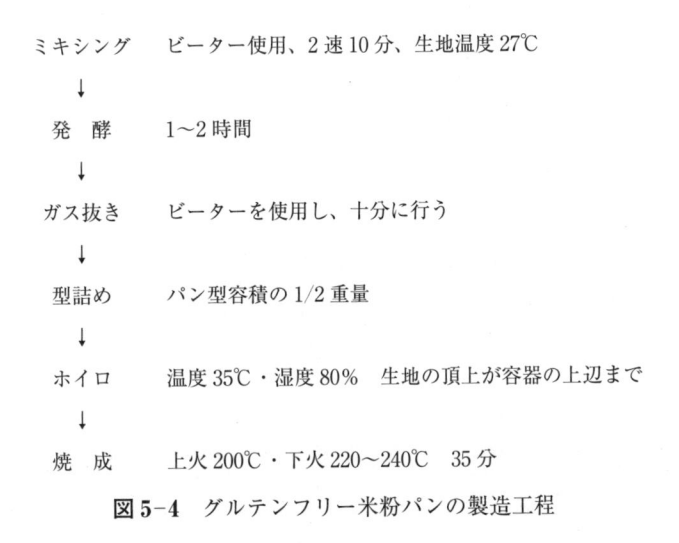

```
   ミキシング    ビーター使用、2速10分、生地温度27℃
       ↓
     発　酵     1〜2時間
       ↓
    ガス抜き    ビーターを使用し、十分に行う
       ↓
     型詰め     パン型容積の1/2重量
       ↓
     ホイロ     温度35℃・湿度80%　生地の頂上が容器の上辺まで
       ↓
     焼　成     上火200℃・下火220〜240℃　35分
```

図5-4　グルテンフリー米粉パンの製造工程

かせ工程を省く）、2次発酵を行う。これらのことを踏まえ、米粉パン専用の製造工程を考案した（図5-3、5-4）。

このような工程により、芳醇な発酵臭を有し、外観や形状は小麦粉パンと遜色がなく、食味の面ではほのかな甘味が感じられ、ソフトでモチモチ感が強く、トーストしたとき表面がパリッとするなど、米独特の特性を有する米粉パンが得られた。

また、パン（食パン）の水分は、小麦粉パン36.7%、米粉パン40.5%（実測値）となり、米粉パンは小麦パンに比べ水分が約4%多く含まれるため、口溶けがよく飲み物がなくてもそのまま食べられる特徴を有するパンとなる。併せて、水分が多くなるぶん固形物が少

なくなり、カロリーを低くする効果も期待できる。

なお、現在では簡便な方法として1次発酵を省略し、ミキシングを最初に行って直ちに分割・成形・2次発酵（ホイロ）・焼成を行う方法も採用されている。

### 2) ホームベーカリーを用いた米粉パンの製造

家庭で簡便にパンを製造する目的で開発されたホームベーカリーは、現在では製パンだけではなく、炊飯や調理の機能を付加した多種類の機種が市販されている。製パン機能の面では、小麦粉パンの製造プログラムのほかに、最近では米粉パンのプログラムを組み込んだものが出回り始めている。

グルテンを配合した米粉パンミックス粉を用いて、ホームベーカリーで米粉パンを形よく十分なボリュームで焼き上げるためのポイントは、基本的には前述のような製造工程を経ることが重要である。即ち、小麦粉および米粉パンミックスを用いる製パン機能を兼ね備えた機種であっても、まず第1に、例えば「お急ぎコース」などの、スタートから焼き上がりまで2～2.5時間のプログラムを選択する。次いで、米粉パン用ミックス粉とともに製パンに必要な原材料、水を容器に入れてスタートボタンを押し、ミキシングを行って生地を形成させる。そして、最も重要なことは、この時点で生地と撹拌羽根を取り出し、生地だけを手粉または少量の油脂を使って手できれいに丸めて容器に戻し、蓋をして焼き上がりまでそのまま待つことである。羽根の取り付けは禁物である。

なぜならば、機種によっては、発酵途中で一般的な製パン工程で行われているパンチング（ガス抜き）を行うプログラムが組み込まれているものがあり、それが作動することにより生地を傷めることにつながるからである。生地形成後再び撹拌羽根を容器に取り付けることは、失敗の最大要因となる。

なお、著者らの実験では、市販の強力小麦粉とグルテン入り米粉ミックスを半々で混合した場合、小麦粉単独で製造したものとほぼ同等のパンが得られることを確認している。

### 5. グルテンを使用しない米粉パン（グルテンフリー米粉パン）の製造方法

近年、アレルギーを発症する人が増加傾向にある。そのため、小麦粉および小麦由来物質はアレルギー表示が義務付けられている。そこで、小麦粉やグルテンなどの小麦由来物質を全く含まない、米粉を利用したパンの製造について著者らが開発した方法の概要を述べる。本方法は、グルテン入り米粉パンと比較して米粉の特長をより発揮した米粉パンの製造技術としての開発も併せて行ったものである。

基本となる原料組成は、酵素処理米粉90～95部、うるちα（アルファ）粉10～5部を混合したもの100部に対しグアーガム2部、親水性の高い乳化剤2部、βアミラーゼ製剤を

少量添加したミックス粉をベースとして、イースト、食塩、砂糖、水、油脂など、製パンに必要な原材料を加えて製造する。

製パン工程での留意点は、①ミキシングはビーターを使用し、10分間程度撹拌する。②1次発酵を行った後のガス抜きは、ミキシングと同様ビーターを用いて完全に気泡をつぶす。③直ちに食パン型などの容器に、容積の1/2に相当する重量の生地を充填する。④2次発酵（ホイロ）は、生地の最上部が容器の上辺に達した時点を終点とし、オーブンに入れて焼成する、等である。

得られたグルテンフリー米粉パンは、水分が45％前後含まれ、グルテン入り米粉パンの水分40％程度に比べ5％高く、ソフトで口当たりがよく硬くなりにくいという特長を有している。

現在、本方法に対応可能なホームベーカリーも国内電機メーカーより発売されている。また、米粉ミックス粉は新潟県内の製粉会社が製造し、ホームベーカリーを販売している電気店で販売する体制が取られている。

## 6. 米粉の普及に向けた取り組み

「粉」とは、物質の状態を表す言葉と定義されている。しかし、その形状はさまざまで単に「粉」にすれば何にでも使える、というものではない。同じ原料米であっても粒子の細かさや形状、吸水性、水の浸透の仕方などによって加工品の品質が大きく左右される。また、日本国内での生産の中心となっている良食味米から製造された米粉が、パン、麺、菓子等の小麦粉利用食品に全て使えるというわけではなく、利用する目的に応じて製粉方法や原料を選択することが重要と考えられる。

新潟県では2008（平成20）年4月、食料自給率向上および米粉の利用拡大のため、小麦粉消費量の10％以上を米粉に置き換える国民的なプロジェクトとして、「R10プロジェクト（Rice Flour 10% Project）」を提唱し、「コメパンマン」のキャラクターマーク、着ぐるみを制作して全国に向けて宣伝、各種の取り組みを推進している。

また、同年9月にはこれに呼応する形で、米粉に関する3件の県有特許を県外企業等へ公開することを発表し、微細米粉の普及、製品の「質的向上・拡大」を推進している。

（注）酵素処理米粉の製造技術、並びにグルテンを使用しない米粉パンの製造技術は新潟県で特許権を取得しており、製造販売を行おうとする場合は、新潟県と「利用許諾契約」を結ぶ必要があります。

（中村幸一）

# 第6章　米粉調理で知っておきたい米粉の特性

## 1. 新たな食材としての米粉利用

　小麦粉を原料としている調理品は、パン、ケーキ、ホワイトソース、パスタ、うどん、天ぷら、お好み焼きなど、数えればきりがない。これらは米粉で全て調理が可能である。小麦粉でできて米粉でできないものは、ほとんどない。大事なのは、米粉の特徴を活かした商品作りである。米粉の特性を理解し、その商品への加工適性がどうかを考えることが重要である。なぜならば、米粉には、製粉特性として粒度や粉砕時に生ずるデンプン損傷度、米成分のアミロース含有量等で商品製造における2次加工適性への影響があるからである。

　米を粉にして使う場合、大きく分けてβ型とα化型の製品の2つがある。うるち米ともち米でも使い道が違う。つまり、製粉方法や米の成分の違い、調理方法によっていろいろな食品作りが可能となるのである。また、同じ原料米であっても、粉砕方法の違いにより異なる米粉となる。使用原料、製粉方法でさまざまな米粉になり、さまざまな用途に使われる（表6-1）。今後は、玄米をそのまま粉砕した玄米粉や色素米、高アミロース米を原料とした商品が、機能性等から期待される。

## 2. 米粉の特徴を活かした米粉調理、商品加工

### 1) 米粉の種類

　米粉の種類は生米を使用するβ型と、加熱してから粉にするα化型に大きく分類され、それぞれにうるち米ともち米を使用したものがある。近年の新規米粉は上新粉と同じ仲間であるが、目的の用途に合わせた粉砕を行う点が上新粉と異なる（図6-1）。

### 2) 米粉の粒度

　現在のように米粉への注目が高まった要因の1つに、粉の粒度が細かくなった点が挙げ

表6-1 米粉でいろいろな米粉食品ができます！

| 米粉商品名 | 米粉の使用状況等 | 小麦粉に代わる米粉の割合 |
|---|---|---|
| ヘルシーな米粉天ぷら粉 | 天ぷらの衣に米粉を小麦粉と同じように使用。油の吸収を抑えカラッと揚がるのが米粉の特徴！　米粉は油の吸収が小麦粉より少ない性質があります。 | 100% |
| ヘルシー簡単！ホワイトソース | 鍋に牛乳500g、米粉50g、コンソメを加え混ぜる。鍋を火にかけ弱火で15分程度温める感じで、木べら等でとろみがつくまでゆっくりと混ぜる。とろみがついたら塩、コショウで味付けし、最後にバター20g程度を風味付けに入れる。 | 100% |
| お好み焼き | 米粉を使用した生地に、キャベツ、卵、長いも、ネギ、生姜、だし、水、醤油等を適宜加える。 | 100% |
| コロッケなど | 小麦粉の代わりに米粉をまぶし、溶き卵をくぐらせパン粉をつけてフライに！　米粉は溶き卵をはじかずきれいにパン粉が付きます。 | 100% |
| マドレーヌ | 米粉100%（微細流粉）にバター、全卵、砂糖、ベーキングパウダー、食塩を加える。（小麦由来なし） | 100% |
| クッキー | 米粉100%に卵、バター、砂糖等を加え、小麦粉のクッキーと同様に作る。 | 100% |
| シュークリーム | シューもクリームも小麦粉を一切使わず米粉（微細流粉）を主原料に作る。シューは、油脂、水、米粉、全卵等。クリームは、牛乳、砂糖、全卵、米粉を加えて作る。（小麦由来なし） | 100% |
| しっとり！ロールケーキ | 米粉100%使用でしっとりロールケーキが作れます。紫黒米を使えばよりしっとり真っ黒なケーキに、20%紫黒米使用でグリーンのケーキになります。混合率で色の変化が楽しめます。 | 100% |
| 麺 | 米粉を主原料にグルテン等を加える。高アミロース米（アミロース30%前後）でより麺加工適性が良い。 | 80〜100% |
| 調理のとろみつけに！ | 片栗粉の代わりに米粉（微細流粉）を使えばとろみ付けに！　翌日になってもしっかりとろみは残ります。（片栗粉は時間とともにとろみがなくなります） | 100% |
| ポテトグラタン | 米粉100%使用のホワイトソースをベースに、生クリーム、スライスポテト、ベーコンを加え、チーズをのせて焼く。 | 100% |

られる。以前の米粉に比べてより細かくなったことで、利用用途が広がったためである。しかし、ただ単に細かければよいというものではなく、重要なのは「目的の商品に合わせた粒度」である。また、デンプンの損傷度（デンプン粒に割れや傷があること、その度合い）も最終商品に大きく影響する。米粉パンでは、損傷デンプン含有率がパンの膨らみ（比容積）に関係する。損傷率が低いと膨らみは大きくなるので、例えば米粉ケーキのスポンジなどに影響を与える。

パンに適する米粉の粒度は概ね $40〜60\mu$ で、デンプン損傷度が低いこと、水分吸水率が低いこと、などが挙げられる。

## 図 6-1 米粉の種類と主な製品

```
                    β型                              α化型
                 （生米製品）                      （糊化製品）
         ┌──────────┴──────────┐         ┌──────────┴──────────┐
       うるち米                もち米         うるち米              もち米                    使用原料

       上新粉      ┌───┴───┐    ┌──┬──┐   ┌──┬──┬──┐   ┌──┬──┐
                 もち粉  白玉粉  乳児粉 上南粉 みじん粉  道明寺粉 落雁粉 上南粉 寒梅粉    種類
                                                          （みじん粉）

   だんご         白玉だんご      和菓子等   落雁    桜もち          押菓子
   柏もち         求肥            乳児食          おつぼきもち    豆菓子等
   草もち         大福もち        重湯用等        おはぎもち     製菓用
   ういろう       しるこ等                        天ぷら粉用      糊用
   かるかん饅頭   求肥                            おこし         工芸菓子    用途
                大福もち                         玉あられ
                しるこ                           桜もち
                最中等                           和菓子等
                求肥（ぎゅうひ）
```

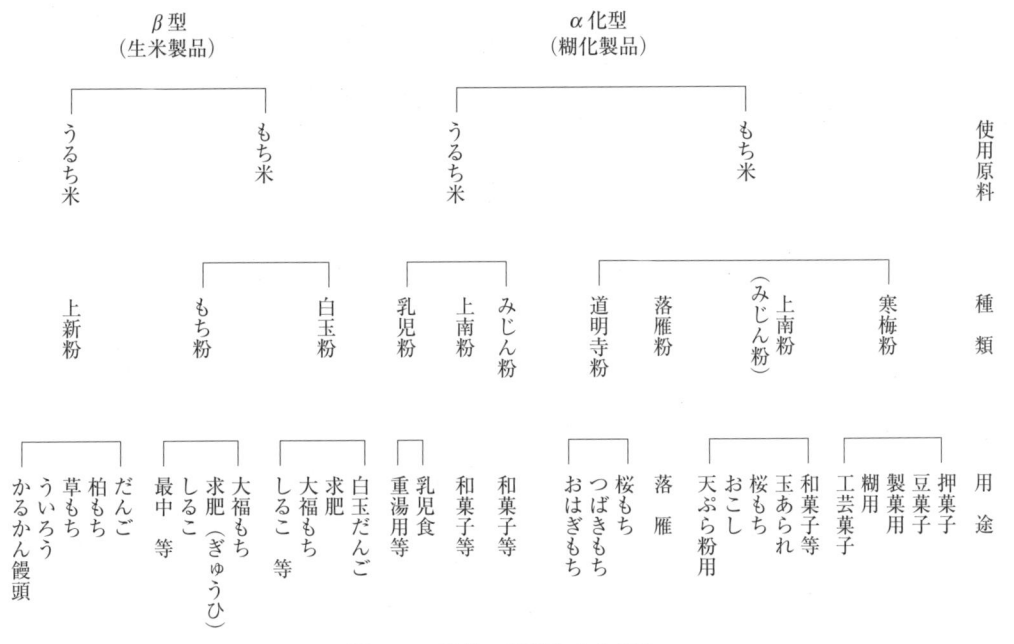

図 6-1 米粉の種類と主な製品

### 3）アミロース含有量

　米のアミロース含有量も、加工適性には重要な要素である。うるち米は高アミロース米から低アミロース米まで、アミロース含有量の異なる品種が開発されている。われわれが通常食べている「コシヒカリ」や「あきたこまち」などは、アミロース含有量が約 17～19％の中アミロース米に当たる。

　ケーキやパンなど大部分の米粉製品には、この中アミロース米が適している。高アミロース米だとパサパサしたパンになり、逆に低アミロース米だとしっとりしたパンにはなるが、形を保てず腰折れ状態になってしまう。また、麺類の場合は高アミロース米が適する。このように、作る製品に合わせて米の種類やブレンド構成を選択する必要があり、米の銘柄よりも含有成分そのものが重要になる（**図 6-2**）。

　高アミロース米は、食物繊維に相当するレジスタントスターチを多く含んでいるため、食後の血糖値上昇が緩やかで、なおかつ食物繊維による便通改善という利点があることから、今後の用途拡大が見込まれる。また、玄米や有色素米を使った米粉は、機能性や低カロリーという観点から、今後、利用が高まっていくのではないかと考えられる。

### 4）米粉の特性が活きる調理法

　米粉を使った料理で、最近とくに注目されているのがソース類である。小麦粉では少々

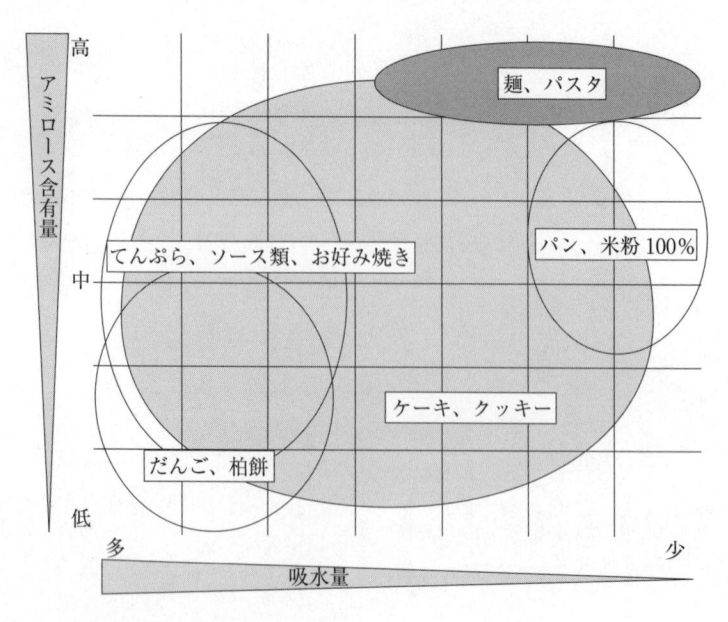

図6-2 米粉製品と吸水量、アミロース含有量の関係

　面倒なホワイトソースは、米粉では調理が簡単で、しかもバターを減らしたヘルシーなソースを作ることができる。これは、米粉が水に対して親和性が高いことから、ダマにならないという特徴があるためである。また、天ぷらや揚げものの衣に使えば、油の吸収が少ないためにカラッと揚がり、しかもヘルシーな調理ができる。お好み焼き、たこ焼き、もんじゃ焼きなどでは、小麦粉より吸水性が高いことから、クリーミーでもっちりした食感が味わえる。

## 3. 米粉と米粉食品の加工適性

　さまざまな調理品に適した米粉の特性は、次のようなことである。
　① 米粉パン、ピザ等に向く米粉（グルテンを加えたミックス粉）
　　一定の粒度に粉砕されていること。製粉過程でダメージ（デンプン損傷）を受けないこと。製粉出来上がりの米粉水分は、常時一定水分率に仕上げる。これらのことが重要な要素であり、これらがクリアされたものが、米粉パン用米粉としての製パン適性に合ったものとなる。

　　・製粉工程でダメージを受けない粉
　　・一定の粒度（製粉機械の種類＝気流粉砕、スタンプミル、水挽粉砕、高速粉砕など）
　　・中アミロース米、もち米は焼成後すぐ凹むので、不向き
　　・米の銘柄、年産、玄米品質の良否の影響が少ない

第6章　米粉調理で知っておきたい米粉の特性

①米粉パン、ピザ等に向く米粉
　（グルテンを加えたミックス粉）

　◆微細粒粉、◆デンプン損傷度：小、◆中アミロース、◆吸水量：少

②米粉ケーキ等の調理用に向く米粉
　（ケーキ、クッキー、ホワイトソース、たこ焼き等）

　◆微細粒粉、◆高～低アミロース　◆吸水量

　　てんぷら、お好み焼き：大
　　米粉100％パン：少

③だんご、柏餅などに向く米粉

　◆中～粗め粉、◆中～低アミロース、◆吸水量：多

④麺、パスタなどに向く米粉

　◆中～微細粒粉、◆高アミロース、◆吸水量：少

図6-3　米粉と米粉製品の加工適性

さらに、米粉製パンにおける重要な要素は、米粉パンに適した製粉機械と製粉技術、そして製パン技術である。

② 米粉ケーキ等の調理用に向く米粉（米粉のみ）（ケーキ、クッキー、ホワイトソース、たこ焼等）

食品に滑らかさが要求されるので、粉の粒度は細かい微細粒粉がよい。

　・小麦粉の用途と同様な食品に使用できる
　・米粉のみでグルテンは加えない
　・製粉ダメージの影響は小
　・微細粒粉が向く。荒いと舌触りが悪い。滑らかさがない

③だんご、柏餅等に向く米粉（米粉のみ）

　・製粉ダメージの影響は小
　・一定の粒度が必要だが、多少荒くてもよい
　・だんごの場合、微細粒粉ではべたつくなど食感が落ちる

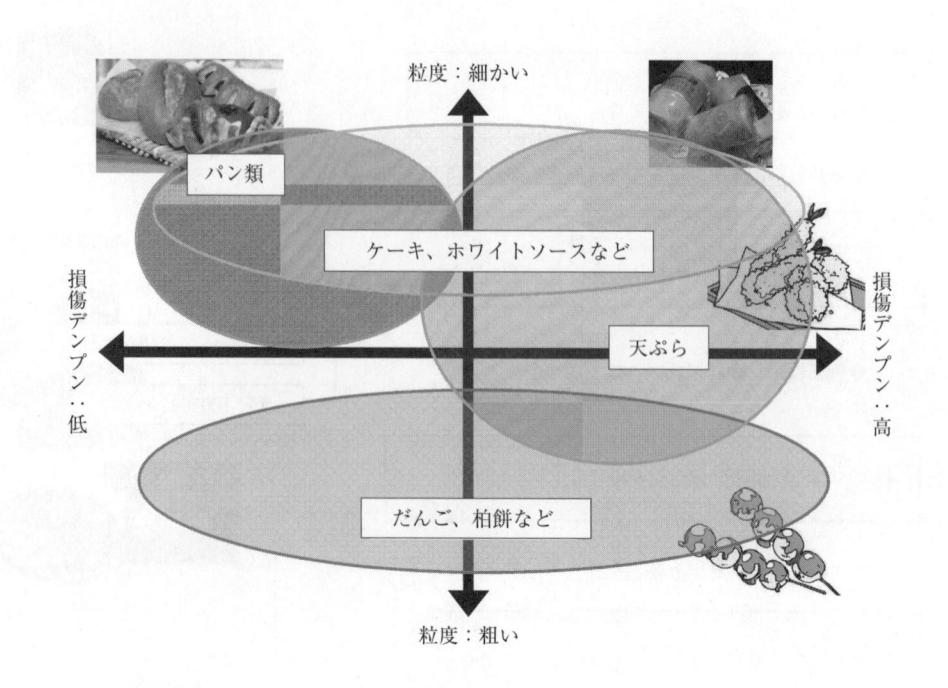

図 6-4 米粉の特性と米粉製品

原料米の成分による加工適性の違いは、以下のようである。

うるち米 ┌ 高アミロース：麺類、調理用
　　　　 ┤ 中アミロース：パン、ケーキ、クッキー、だんご、調理用
　　　　 └ 低アミロース：だんご、ケーキ、調理用

色素米（機能性が豊富）：ケーキ、調理用、クッキー

もち米（パンには不向き）：だんご、ケーキなど

うるち、もち米のブレンド：だんご、ケーキ、クッキー

米粉の加工適正について、図6-3と図6-4に示した。

(萩田　敏)

# 第7章　米粉の麺製品への利用

## 1. 米粉の製麺性

　昔から、米は「粒食」、小麦は「粉食」として利用されてきた。米は結晶質で粒が硬く、粉砕しにくい。逆に硬いために、研削式や摩擦式の精米機を用いて表層のぬかや胚芽だけを除いて精米（精白米、白米）として利用することができる。一方、小麦は硬質で結晶性の種類もあるが、多くは粉状質であり、また、胚芽部分が粒の内部まで巻き込まれた構造になっているために、米と違って表層のみを削り取って残った「精白小麦」を粒として利用することは困難であり、粒全体をロール等で粉砕した後にふるい分けして小麦粉として利用されてきた。

　粒の構造や硬度に加えて、小麦と米とでは、タンパク質の特性も異なっている。小麦は米よりもタンパク質含量が高く、小麦粉は水と練り合わせることでデンプンが洗い流され、グルテンが形成される。グルテンはグルテニン（小麦のグルテリン）とグリアジン（小麦のプロラミン）がジスルフィド結合したもので、これによってパン、麺、ケーキなどの生地の優れた特性が確保される。一方、米の場合は、グルテリンが圧倒的に多く、プロラミンが少ない。これは、栄養的にはリジン含量が比較的高くなるので好ましいことではあるが、小麦と異なり、水と練り合わせてもグルテンは形成されず、生地強度が不足することになる。

　倉澤によると、米粉を使った「米切り」と呼ばれる麺は、飯用にはできない屑米などを製粉して小麦粉、甘薯、海藻などの糊料をつなぎとして製造されたもので、徳川時代末期（1850年頃）から作られたと言われている。現在は、米粉と小麦粉とを混合し、増粘剤を加えて35～40％程度に加水し、攪拌した後に圧延し、切り刃または手切りによって製品とする。通常40％以上添加される小麦粉（強力粉）がつなぎ剤の主体であり、米粉は60％以下が多く、製麺性の点では粒度が粗い粉が、食味の点では粒度の細かい粉が適しており、最適の粒度は130メッシュ通過程度といわれている。

　東南アジア諸国では、デンプンのアミロース含量の高いインディカ米が多く栽培されており、タンパク質の特性ではなく、デンプン特性を活かした米粉麺が従来から作られてき

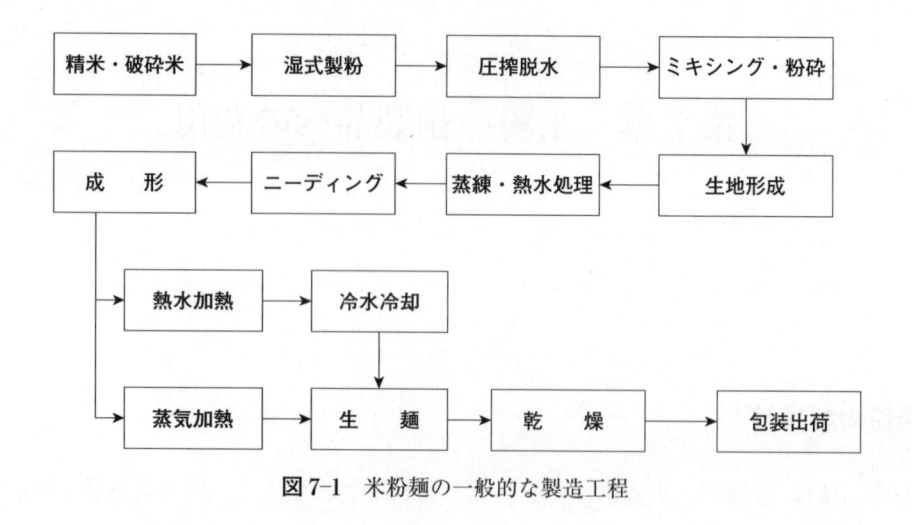

```
精米・破砕米 → 湿式製粉 → 圧搾脱水 → ミキシング・粉砕
                                              ↓
成形 ← ニーディング ← 蒸練・熱水処理 ← 生地形成
 ↓
 ├→ 熱水加熱 → 冷水冷却
 │                ↓
 └→ 蒸気加熱 → 生麺 → 乾燥 → 包装出荷
```

図7-1 米粉麺の一般的な製造工程

た。Yehによる米粉麺の一般的な製造工程を図7-1に示す。

## 1) 米粉麺開発の経緯─農水省の「新加工食品の開発」プロジェクト

米の過剰が問題となっていた1978〜80（昭和53〜55）年にかけて、農水省では「米を利用した新加工食品の開発」という研究プロジェクトを実施した。その中で、米粉麺に関しても食品総合研究所の柴田・今井らを中心に研究が行われた。

### (1) 1980（昭和55）年当時の各地の米粉麺の調査

米粉麺は、1976（昭和51）年頃から地方の麺研究者によって試作され、数種類の米粉を主体とする麺が出回っていた。例として、以下のものが挙げられる。

①ライスめん

　米粉70％とデンプン30％を水で練って団子状にしたものを蒸し、それを捏ねてロールにかけて麺帯としたまま約24時間冷却し、固まらないうちに麺線にする。

②ライスヌードル

　後述する、新潟県食品研究所の開発したものである。

③おこめうどん

　米粉60％、デンプン30％、小麦粉10％を原料とし、デンプンを糊化させないこと、パン用の高速ミキサーを使用すること以外は、①とほぼ同様の製造法である。

④まいめん

　米粉100％を熱湯で捏ね、これを圧力で押し出し、そのまま茹でる製品である。群馬県の星野物産（株）で専用機と専用のまいめんミックス粉が開発された。

### (2) 従来のうどん製造への米粉配合

テストミルによる製粉試験では、硬質米に比べて軟質米のほうが細かい粒度の粉末にな

る傾向にあった。精米原料の水分含量（20～24％）が高いほど、粉の粒度が細かくなった。米粉の添加によって生地物性は変化し、ゆで溶出量が増加し、ゆで麺の引張り強度が低下し、官能検査によると10％以上の米粉を添加したうどんは食味が劣ることが示された。結論としては、従来のうどんを対象に米粉を添加する場合は、添加量として、5％が限度であると報告されている。

### (3) 米を添加した新しい麺状食品の開発

生地をα化して麺帯を形成する方式では、製麺時の加水量と生地の加熱条件が麺の物性に影響することが判明した。湯ごね方式、α化粉つなぎ方式による米粉麺は、麺線が弱く、膨化米粉の場合は着色とにおいの問題を生じた。製麺した場合は、外観が良くなり、ゆで溶出が少なく、ゆで麺の物性も良好であった。押し出し方式の米粉麺では、スパゲッティ様の米粉100％の麺が得られた。米を主原料とした麺は、いずれもゆで耐性がなく、ゆで時間とともにゆで溶出量が多くなると報告されている。

### (4) 内地米を主体とした新型ビーフンの開発

従来、ビーフンは、粘弾性が強く麺線化が容易で、歯ごたえのある輸入インド型（インディカ）外米を原料として製造されてきた。この「内地米によるビーフンの製造」の開発は、食品総合研究所の委託を受けて、全国穀類工業協同組合が甲府東洋（株）研究室の協力のもとに実施したものであり、新型ビーフンに適した内地米の米質調査、新型ビーフンの製法および副資材に関する調査研究、新製品の調理方法に関する研究が行われた。原料米の米質の調査では、アミロース含量が約25％と比較的高い北海道産「ゆうなみ」が最適と判断された。

## 2) 新潟県食品研究所（現・新潟県農総研食品研究センター）における製麺技術の開発

新潟県食品研究所の斎藤らは、①米粉の粒度を粗くする、②団子（生地）調製後に生の米粉を混練する、③蒸練途中に米粉を混合する、という工夫を加えた。それにより麺線の強度が増し、ゆであげ時の溶出量も小麦粉麺並みに減少することを示し、米粉100％の麺であるライスヌードルの基本製造技術を開発した。

新潟県食品研究所の有坂によって紹介されているライスヌードルの製法は、以下のとおりである。

うるち米粉（上新粉）に35％量の水を加え、蒸練機で約10分間蒸練し、練り出し機で蒸練生地を4回通して練る。この練り出しの間に、生のうるち米粉30％量を均一に混合する。次に圧延機で厚さ約1.6mmに圧延してシート状にする。圧延生地を適当な大きさに切断して板上にとり、冷蔵庫に一晩入れて硬化させる。硬化した生地は、切断機または

製麺機の切り刃で幅2.2mmに切断して製品とする。

同研究所では、柿渋のタンパク質凝集性を利用した食品製造方法を開発し、金井らが特許を出願した。この技術は小麦粉麺の物性改良技術に発展し、「柿渋ラーメン」の基本技術となっている。

### 3) 新潟県農総研とまつや（株）による米粉100％の米粉麺

筆者らは、（独）農研機構中央農業総合研究センターの北陸研究センター、新潟県農業総合研究所食品研究センター、石川県農業総合研究センター、食品企業と共同して、農水省の「先端技術を活用した農林水産技術高度化事業」という競争的研究資金に「新形質米の特性を活用した新食品の開発」という課題で応募して採択され、2005～07（平成17～19）年までの3年間、新形質米の利用研究に取り組んだ。この中で、新潟県農総研食品研究センターがまつや（株）とともに新しい米粉麺の開発に取り組み、成功した。この米粉麺は、新潟県農総研の作物研究センターで育成された高アミロース米である「こしのめんじまん」を原料に利用する米100％の麺であり、両者が共同出願した特許の請求項には、「アミロース含量25～35％の米を、澱粉損傷度が1～10％となるように粉砕して米粉とし、加水混練して加熱し、適宜手段で麺線に形成し、水分35～45％で且つ酸溶解度45～55％としたことを特徴とする米麺の製造方法および米麺」と記載されている。この技術に基づいて「越の豪麺」が実用化された。

### 4) 最近の米粉麺開発例

米の主産地である新潟県では、加工技術も発達しており、日本酒、米菓、餅などの生産量も多く、その品質も優れている。前述のライスヌードルや「越の豪麺」の例に見られるように、県の食品研究所が優れた技術を開発し、食品企業と共同で実用化した歴史もある。

坂井製粉製麺（有）は、美味しいお米の産地新潟として、地元のお米を活かして商品開発を進めて10～13年、お米パスタ・米うどんおよび米ラーメンなどを開発。揚げると香ばしく、美味しいことを原点にして米めんを作り、良質の油で揚げて仕上げている。同社は新潟県なまめん工業共同組合に所属し、前述の「柿渋ラーメン」の改良技術を開発し、組合として特許を取得している。また、早くから米粉麺の開発に取り組み、「米粉を主原料にした揚げ麺の製造方法」、「γ-アミノ酪酸を好適に保持または蓄積させる麺類及びパスタの製造方法」などの技術を開発し、特許を出願している。

米粉を51％配合した「温麺」や61％配合したつけ麺の「こしひかりラーメン」は、新潟市のラーメン店や「にいがた食の陣」のおみやげとして採用されており、最近では、カルシウムと食物繊維を練り込んだ「お米パスタ」も開発されている。

新潟県胎内市の小国製麺（株）では、小麦粉にコシヒカリを配合した米粉麺やホウレンソウなどを練り込んだ米パスタの開発に取り組んでおり、「新潟県産米を用いた米粉麺（ショートパスタ等）の開発・販売」という事業名で、関東経済産業局の「地域産業資源活用事業計画」の第6号認定を受けた。

新潟県上越市の自然薯そば（株）では、前述の北陸研究センターの三浦らによって開発された高アミロース米新品種である「越のかおり」を原料とし、タピオカデンプンを配合して米粉麺「越のかおり」を開発した。米粉麺の本場であるタイから、本格的な製造装置も導入したとのことである。

筆者は2008（平成20）年に新潟大学に赴任し、農水省の「実用技術開発事業」に「アミロペクチン長鎖型の超硬質米を利用した新需要米加工食品の開発」という課題で応募、採択された。この共同研究では、九州大学の佐藤教授の開発した超硬質米を原料として、パン、麺、菓子その他を開発する計画である。超硬質米とは、米デンプンの7〜8割を占めるアミロペクチンの短鎖が少ないために、通常のインド型高アミロース米よりもきわめて硬い米のことである。超硬質米はそのデンプン特性から生地が強く、難消化性デンプンを多く含むので、糖尿病発症予防などの生理機能面での効果が期待されている。筆者らは、高アミロース米や超硬質米の発芽玄米を糊化させた後に、小麦粉と混合してパンや麺を作る技術を開発し、特許を出願した。

また、静岡文化芸術大の米屋らは、米粉麺や米粉菓子生地を高温蒸気雰囲気中で表面糊化した後に、押出加工や焼成処理などで米粉麺や米粉菓子を製造する技術を開発した。（有）麺匠高野では、90〜80重量部の小麦粉と10〜20重量部のマセレーテッド微細米粉を混合し、ゼリー状の布海苔を加えて麺を製造する冷麺状うどん、（株）初雁麺では、発芽玄米粉末および中力粉、強力粉を配合するうどんの製法、新潟県とまつや（株）では、アミロース含量25〜35％、デンプン損傷度が1〜10％の米粉を麺生地とし、水分35〜45％で酸溶解度が45〜55％とする米麺の製法などを開発し、特許出願している。エースコック（株）では、新潟県産コシヒカリを小麦粉に練り込んだ、今までの麺とは違う強いコシとモチモチ感を味わうことができるハイブリッド新食感麺を新潟エリアで販売している。

新潟県以外でも、全国各地で米粉麺が開発されている。北陸農政局の「北陸地域米粉製品紹介集」によると、石川県では能美市の広見製麺所において、地元能美市のコシヒカリ、丸いもを配合した、地産地消を目的にしたうどん「元気のひみつ」が開発されている。栄養的にも、お米の栄養に、よもぎパワーまたはごまパワーが加えられたことで、薬膳的な健康食品と紹介されている。同様に、福井県では福井麺ズ倶楽部の、3種類の米粉麺（冷麺、中華、うどん）が紹介されている。福井県産米から作るこだわりのお米麺ということ

で、国産農産物を100％使用（米70％以上）しており、「こし」が強く、「のどごし」がよい。

　北海道では、農政事務所の資料によると、札幌市の（有）パウダーミリングや函館市の（株）オーエスケー食品、美唄市の（有）角屋、旭川製麺（株）などが米粉麺の製造を行っている。

　東北地方では、青森県青森市の高橋商店で馬鈴薯デンプン20％と米粉80％を配合した「みずほ麺」が、弘前市の農産物直売所で玄米麺「おいしくてご麺」が販売されている。また、岩手県花巻市の岩手阿部製粉でライス麺が、宮城県丸森町のマルコー食品（有）が「宮城ササニシキ100％う米米めん」、美里町のイーストファーム宮城で「ササニシキ麺」、秋田県湯沢市の（株）メルコレディでは「こまち麺」、山形県酒田市の酒田米菓（株）では「こめきり」、真室川の（有）庄司製麺工場で黒米入りの「薬膳麺」、農事組合法人りぞねっとでは発芽玄米入りビーフンが開発されている。福島県の郡山一麺会では「大地の麺」、須賀川市の（株）高橋製麺では「お米のうどん」が製造されている。

　関東地方では、群馬製粉（株）が、静岡文化芸術大学の米屋教授らとの技術協力により、各種の「J麺」を開発している。この技術の基本は、湯練りした米粉生地を押し出し成形した後に高温蒸気雰囲気中に通すことによって、表層部の糊化度を高くするというものである。栃木県では、宇都宮市の麺ズファクトリー鵜の木で「米粉100％うどん、パスタ」、宇都宮製麺所で「米粉ラーメン」、小山市の安田製麺所で米粉入り麺が製造されている。埼玉県では、川口市の和楽総本舗や越谷市ののれん会で米粉麺が販売されている。東京都では、府中市の山正食品が米粉麺を製造している。

　中部地方では、岐阜県の（有）レイク・ルイーズでは県産米「ハツシモ」に5％のデンプンを加えた「べーめん」を開発した。岐阜市の小林生麺（株）では、米粉に水、エタノール、食酢、増粘多糖類を混合して練り合わせ、圧延、切断して生米粉麺「雪美人」を製造している。愛知県豊田市の香恋の館では「ミネアサヒ」を原料とする「純米うどん」、「純米そうめん」が製造され、同大府市の元気の郷では「米粉麺」が、三重県伊賀市の大山田農林業公社では黒米やわさびを練り込んだ米粉入りうどんがアグリマートで販売されている。

　近畿地方では、農政局の資料によると、甲賀市の農業法人（有）甲賀もち工房で、2007（平成19）年から県食料産業クラスター協議会の支援で新製品の開発を進め、米粉ともち粉を使った米粉麺の販売を開始した。この米粉麺「近江米めん」は、地場産のキヌヒカリ・滋賀羽二重糯を95％、つなぎに国産のいもデンプン5％を原料に、米麺対応型手打式製麺機で製造されている。麺の特徴としては、うどんより細く、冷麦よりは太くモチモチとした新食感で、冷やしても温めてもよく、また、スパゲッティー風にアレンジして調理

することも可能とのことである。第2名神高速道路のサービスエリアでの販売、学校給食への納入を予定している。兵庫県丹波市のNPO法人「いちじま丹波太郎」のラーメン・うどんの専門店「米っ粉工房丹波太郎」」では、2004（平成16）年から、米粉を使ったラーメンを販売している。地場産コシヒカリにデンプンや小麦グルテンを加え、小松菜を練り込み、アイガモのつみれやハクサイ、ネギなど、具も地場産にこだわり、インターネット上で通信販売も始めた。

　中国・四国地方では、中国四国農政局の資料によると、島根県では、松江市のJAくにびきや松江こだわり市場「JAくにびき稲香家」、奥出雲町の雲南農業協同組合仁多加工所、雲南市のこぶしの里ふれあい市場、大田市のJAグリーンおおだ、益田市の道の駅サンエイト美都、広島県では三原市の（有）大和、坂町の食協（株）、山口県では岩国市の藤井製麺（株）、香川県では坂出市の木下製粉（株）、宇多津町の（株）めりけんやなどで米粉麺、米粉に馬鈴薯デンプンを配合した米粉麺などが製造・販売されている。

　九州地方では、九州農政局の資料によると、佐賀県の武雄市の道の駅山内「黒髪の里」で「黒米そうめん」が販売されている。（株）リンガーハットでは、全国のリンガーハット長崎ちゃんぽん店舗で国産の野菜と米粉を使用した餃子を販売している。

## 5）諸外国での米粉麺の事例

　前述のように、東南アジアや中国では以前からbifun（ビーフン）あるいはvermicelli（バーミセリ）とよばれる米粉麺が作られていた。AACC（アメリカ穀物化学者協会）の"Rice"に掲載された、Yehによる優れた総説を以下に紹介する。

　米粉麺は、通常高アミロース米から作られる。製品の香りの点から、精米したての原料米が好まれる。コスト低減のためには割れ米を原料に用いることもある。通常の米粉麺は発酵を伴わないが、タイの一部では割れ米を3日ほど浸漬する間に乳酸菌などによる発酵が進み、pHは7から3.5に低下し、タンパク質含量は1.1%まで減少する。

　台湾では、調理、混ねつ、成形の過程を一括して行うエクストルーダー加工が商業的に行われている。1軸エクストルーダーを用い、まず、水分35～40%の原料米を1次加工で部分調理し、次いで2次加工において混ねつと成形が行われ、麺状になる。最後に、蒸気処理と乾燥工程を経て麺製品が完成される。2台のエクストルーダーではなく、1台で加工を完結させることも可能であるが、その場合は、つなぎとして、糊化粉末や糊化デンプンが必要になる。

　Yehらは2軸エクストルーダーを用いることで、つなぎの糊化デンプンは不要になると報告している。

　乾麺や生麺の品質については、白度、透明度、破断のないこと等が評価項目として用い

られる。乾麺は冷水で吸水させた後、熱水でゆでる。ゆでたときの液の濁りやゆで麺の物性が評価され、麺表面の粘りが少なく、ゆで溶けが10％以下と少ない麺が高い評価を受ける。

　麺の原料米の製造においては、水挽き粉のほうが乾式製粉の粉より評価が高い。乾式製粉の場合は粉末同士が凝集しており、粉砕時の加熱によって粒表層が部分糊化している。乾式製粉の粉を原料に用いた麺は、麺表層が粗く、ゆで溶けが多くなる。スタンプミルによる粉末は、粒度が100～150μmであり、熱履歴も低く、麺製造原料として適している。原料米粉の粒度も麺の品質に影響する。HemavathyとBhatによると、115μm以下の細粉では麺が軟らかすぎて粘りが強すぎ、破断強度も不足する。逆に214～307μmの粗粒の場合も麺が硬く、表面も粗くなるので不適当であり、138μmと165μmの粒度の粉が好適であったと報告している。

　原料米は、繊維状の構造で低密度かつ高白度の麺となるために、高アミロース米であることが好適である。フィリピンではアミロース含量が中程度の「IR48」の麺適性が高いと報告されている。台湾では、高アミロースで糊化温度が低く、ゲルコンシステンシー*の高い米（「台中1号」）の麺適性がよい。タイではアミロース含量が約30％と高アミロースで、ゲルコンシステンシーが約35mmと高い米の麺適性がよい。イタリアやロシアでパスタ用に低アミロースや中アミロースの米が用いられているという例はあるものの、一般に低アミロースの日本型（ジャポニカ）米は、低ゲルコンシステンシーで粘りが強すぎるために米粉麺には適していない。

　エクストルーダー加工した麺の表面は糊化しているので、調理時の安定性や物性にとって好適である。調理後にはX線結晶解析での偏光十字が消失している。JulianoとSakuraiによると、エクストルーダー加工され、蒸気処理された麺の糊化度は65～75％であり、表層部は98％で、中心部は55％である。麺の電子顕微鏡写真では、老化デンプンにタンパク質が織り込まれた蜂の巣状のネットワークを示している。

　熱水添加後5分（大部分は3分）で食べられる即席米粉麺がアジアで商品化されている。製法は、2台のエクストルーダーによる従来の方法と共通である。従来の乾麺に比べて、麺断面の直径0.68mm以下という細径が短時間の調理を可能にしているものと考えられる。

　Mitaimu（ミタイム）（またはbitaibah（ビタイバ））は一種の米粉麺と言え、長さは10cm以下、直径は3～5mmである。台湾では、肉、玉葱などと一緒に調理したり、スナックフードの一種としてシロップをかけたりアイスクリームと一緒に食べたりする。製法は従来の米粉麺と同様であるが、原料粉をミックスする際に熱水を加えてデンプンを部分糊化させる点に特徴がある。この場合も、高アミロースのインド型米が好適である。麺のテクスチャーを調製するために、コーン、タピオカ、甘薯などのデンプンを加える場合もある。

乾燥が難しいため、生麺として流通している。

　アジア、特にタイ、日本、台湾などでは、シート状の米粉麺や平型の米粉麺も一般的である。原料米として、乾式粉**や湿式粉**が使われるが、後者のほうが適している。一般に、熱ドラムによってシート状にした後に蒸気処理を行い、半乾燥した後に細く切断する。近代化した工場では、エクストルーダーによって上記の調理・成形加工を行っている。通常高アミロースのインド型米が用いられるが、日本では、アミロース含量が20％以下の日本型米で製造された例もある。細型のものは乾麺として流通されるが、大部分は生麺として流通している。最近、韓国では、高アミロース米を原料とする即席麺が開発されている。

　　＊　米粉をアルカリ加熱して糊化させたときのゲルの強さ。
　　＊＊　乾式粉は、米をそのまま製粉するもの。湿式粉は、米に加水した後に製粉するもの。

### 6) 米粉麺の今後の展望

　わが国においては、最近の食料自給率低下や穀物価格の高騰、農水省の支援などを背景として、パンや菓子などへの米粉の用途開発は急速な勢いで伸びている。米粉麺の場合は、グルテンを形成しないという米の特性や、製品価格における原料価格の比率が高い等の問題があって、現在、パンや菓子ほどの広がりを見せていない。しかし、2009（平成21）年から日清食品チルド（株）が国産米粉を2割配合した麺を発売するなど、麺の分野はニーズが高いので、近い将来、さらに技術開発が進み、食味、機能性、保存性などの優れた米粉麺が多数開発されてくるものと期待される。

（大坪研一）

# 第8章 米粉素材と超硬質米等

## 1. 素材選択と製品開発

　米および米粉の消費拡大を図っていくためには、原料米の特性を評価し、その特徴を活用した製品開発を行っていく必要がある。新潟県農業総合研究所で開発された各種新形質米の例を**表8-1**に示す。

### (1) 一般飯用米

　一般飯用米としては、コシヒカリに代表される一般良食味米が多い。「ふくひびき」のような多収穫米もある。一般に、米は炭水化物、特にデンプン含量が多く、小麦よりタンパク質含量が少ない。小麦の場合は、グルテリンとプロラミン（グリアジン）がほぼ等量含まれており、水と捏ねる間にジスルフィド結合によってグルテンが形成される。米の場合はグルテンが形成されないので、パンや麺の生地が弱く、これまではパンやケーキに向かないとされてきた。

　また、米は穀粒が結晶質であり、精白して米飯にするには適しているが、小麦に比べると粉砕しにくく、製パン性が劣るとされてきた。しかし、新潟県食品研究所の開発した微

表8-1　新潟県の育成した各種新形質米

| 品種名 | 分類 | 特徴 | 用途適性 |
|---|---|---|---|
| こしのめんじまん | 高アミロース米 | アミロース含量が28%程度 | 米粉麺 |
| 夏雲 | 低アミロース米 | アミロース含量が5%程度 | 主食用、ブレンド用、ソフト米菓 |
| 秋雲 | 低アミロース米 | アミロース含量が10%程度 | ブレンド用、ソフト米菓 |
| 稚児のほほ | 香り糯(もち)米 |  | 餅、もち米菓 |
| 越佳香 | 香り米 | 混合炊飯型 | ブレンド用 |
| かほるこ | 香り米 | 全量炊飯型 | チャーハン、カレー、ピラフ |
| 紅香 | 赤香り糯(もち)米 | タンニン系色素を含む | もち米菓、景観用 |
| 紅更紗 | 赤米 | タンニン系色素を含む | うるち米菓、玄米粥 |
| 紫宝 | 紫黒糯(もち)米 | アントシアニン系色素を含む | 赤飯、玄米粥、赤餅、赤酒、水飴、米菓など |
| 越車 | 巨大胚芽米 | 胚芽が一般米の約3倍 | 胚芽米、栄養食品、発芽玄米 |

細製粉技術や、最近の気流粉砕技術などにより、利用適性の高い米粉の製造も可能である。一般飯用米の利点としては、安定した栽培条件が確立していることや、生産や刈り取り、乾燥、精米などに用いる機械は、食用の通常の機械を併用できること等が挙げられる。(色素米、高アミロース米、もち米などは、他の食用米に混じると全体の価値を下げてしまうため、コンバイン・乾燥機・精米機などにおいては専用機が必要となる。)

(2) 高アミロース米

高アミロース米とは、米の主成分であるデンプンのアミロース含量が25％以上と高い米であり、硬くて粘りの弱い米飯となる。インド型（インディカ）米あるいは日本型（ジャポニカ）米とインド型米の交配雑種によって育成された米の多くがこれに相当する。わが国では軟らかくて粘りの強い米飯が好まれるために、加工用の一部を除いて消費は少ないが、世界的に見れば、中国南部、インド、インドネシア、バングラデシュ、タイなど、米の主産国のほとんどがインド型米を生産しており、日本型米より圧倒的に多い。

インド型米は、わが国においては、戦前はタイやビルマなどから輸入されていたが、戦後、米の輸入が禁止されてからは、泡盛やビーフンの製造用以外は姿を消していた。

農水省では、米の消費拡大のため、形態や特質の異なる米を開発する研究プロジェクト（スーパーライス・プロジェクト、新形質米プロジェクト）を1989（平成元）年に開始し、その中で、低アミロース米、色素米、香り米、タンパク質変異米などと並んで高アミロース米が開発されてきた。品種例としては、「夢十色」、「ホシユタカ」、「ホシニシキ」、「こしのめんじまん」、「越のかおり」などが挙げられる。

また、わが国がWTOとの関係で1995（平成7）年に米の輸入を開始したことにより、タイなどから高アミロース米が輸入されるようになっている。高アミロース米の利点としては、米飯とした場合には食後の血糖上昇が緩やかであり、糖尿病発症予防などの機能性が期待できる点が挙げられる。また、「越のかおり」や「こしのめんじまん」等は麺用の原料米としての適性が高いとされている。

(3) 低アミロース米

低アミロース米とは、デンプン中のアミロース含量が15％以下の米を指し、「彩」、「ミルキークイーン」、「スノーパール」、「はなぶさ」、「あやひめ」、「スノーパール」、「夢ごこち」、「たきたて」、「シルキーパール」、「ソフト158」、「ねばり勝ち」、「いわた15号」、「夏雲」、「秋雲」、「さわぴかり」などが品種例として挙げられ、飯米は粘りが強く、冷えても硬くなりにくい。低アミロース米は、米飯が軟らかくてつやがあり、冷えても硬くなりにくい点が長所である。米粉にした場合は、ソフト米菓の原料としては膨化がよく、食感の良いせんべいとなる。

## 第8章　米粉素材と超硬質米等

### (4) タンパク質変異米

米の主要タンパク質であるグルテリンの含量が少なく、難消化性タンパク質であるプロラミンの含量が高い米を指し、「LGC1」、「LGCソフト」、「春陽」などが例として挙げられる。タンパク質変異米の利点としては、難消化性のタンパク質が多いために腎臓病などで摂取窒素量の限られている消費者に適しているほか、酒造原料としては雑味の少ないさっぱりした清酒となる点が挙げられる。

### (5) 色素米

玄米粒の表面が紫、黒、赤、緑のもの。古代米、縁起米など、地域興しの食材用として注目されている。また、含まれる色素が、紫黒米はアントシアン系、赤米はタンニン系で、ともにポリフェノールであり、さらに、各種ビタミン類（B、E、P）、無機成分（Fe、Ca）を含むため、健康食材または食の多様化の素材として、利用が期待されている。「色素米」の色素は糠層にあり、精白すると特有の色が薄れるため、玄米または部分搗精米を利用する。品種例としては「朝紫」、「おくのむらさき」、「むらさきこぼし」、「紅衣」、「紅ロマン」、「紅香」、「紅更紗」等が挙げられる。

### (6) 白米、玄米、発芽玄米

同じ原料米でも、白米として使用するか玄米で使用するか、あるいは玄米を発芽させてから使用するかによって利用特性、および成分組成が変わってくる。白米の利点は、外観と食味に優れている点である。玄米の利点は、白米に比べてビタミン$B_1$やミネラル、食物繊維などの含量が多い点が挙げられる。発芽玄米の利点は、米飯としては白米と玄米の中間の食味を示すほか、グルタミン酸からγ-アミノ酪酸が生成されるので、高血圧の抑制などの機能性が期待できる点が挙げられる。

### (7) 米　糠

玄米を精白して得られる外層部（糠）には、5訂食品成分表によると、脂質（15～20%）、タンパク質（12～15%）、粗繊維（7.0～11.4%）、灰分（6.6～9.9%）、ビタミン$B_1$（12～24μg/g）などの有用成分が多く含まれている。米油製造企業を中心に、γ-オリザノール、フェルラ酸、ビタミンE、米糠タンパク質、フィチン酸、植物ステロールなどの機能性成分が抽出・精製され、商品化されている。脱脂糠は比較的安価な飼料・肥料の原料となるほか、さまざまな機能性素材の原料としても利用される。

## 2. 業務用加工米：超硬質米 EM10 ― その可能性

次に、現在、国民病とも言われている糖尿病予防に有望な、食後の血糖値（GI値）が上がりにくい、超硬質米についての知見を紹介する。

### (1)「超硬質米 EM10」とは

EM10 は、九州大学の佐藤　光らが「金南風」を母本として、化学的突然変異（メチルニトロソウレア法、MNU）によって育成して選抜・固定した品種であり、収量はやや低いが、新潟県農総研の研究によると、粉状質で米粉原料に適している。ヨード呈色法による見かけのアミロース含量は約40％であり、高アミロースのインディカ米よりさらに硬くて粘りが弱いので、筆者は「超硬質米」と呼ぶことを提案している。

### (2) EM10 のデンプン特性

EM10 は、突然変異によってデンプン合成における枝造り酵素の一種（スターチブランチングエンザイムⅡb）を欠いているため、アミロペクチンの短鎖が少なく、中長鎖が多い。そのため、デンプン表面の枝分かれが少ないために糊化しにくく、筆者らの研究によると、米飯としてはきわめて硬く、粘りが弱く、老化しやすい。

### (3) 農水省の超硬質米プロジェクト

筆者らは、農水省の「食品の安全と信頼性確保」研究プロジェクトに参加し、科学的根拠に基づく食品の機能性評価を行うため、生活習慣病予防、特に糖尿病発症予防のため、ヒト試験による評価等に関する研究を行ってきた。

わが国における糖尿病患者は、2007（平成 19）年国民健康・栄養調査（厚生労働省）によると、約890万人、予備軍を含めると約2,210万人と推定されている。本研究では、食味は劣るが、摂食後の血糖上昇が緩やかな高アミロース米を中心に、その食味改善を図るとともに、当該米加工品を用いて、動物飼育試験およびヒトにおける臨床試験を実施し、糖尿病発症予防のための特性評価および短・長期の臨床試験を行うことを目的とした。その研究成果の一部を紹介する。

高アミロース米は、デンプンのアミロース含量が約30％と高く、精米白度が低く、米飯は硬くて粘りが弱く、炊飯食味計で測定した「外観」、「食味」ともコシヒカリに比べてきわめて数値の低い米飯となる（表8-2）。

また、ラピッド・ビスコ・アナライザー（RVA）によって精米粉の糊化特性を測定した結果からも、食味の指標とされるブレークダウンが小さく、老化性の指標とされるコンシステンシーや表層老化度がきわめて大きいことが示された（表8-3）。

これらの結果から、高アミロース米は、通常の炊飯では日本人の食味嗜好に適合しないと考えられた。

## 1) 米飯の難消化性の試験 （動物試験および呼気分析）

辻　啓介は、自動呼気分析装置（BGA2000D）を用いて、2種類の米飯（高アミロース米である「ホシユタカ」と比較一般米である「コシヒカリ」）それぞれ150gを摂食した後の呼

## 第8章 米粉素材と超硬質米等

表8-2 高アミロース米の精米特性、タンパク質、食味、米飯物性

| 品種系統名 | 系統の特徴 | 精米白度 | タンパク質(%) | 炊飯食味計 | | 表層の物性 | | 全体の物性 | |
|---|---|---|---|---|---|---|---|---|---|
| | | | | 外観 | 食味 | 硬さ $10^3*dyn$ | 粘り $10^3*dyn$ | 硬さ $10^6*dyn$ | 粘り $10^6*dyn$ |
| 夢十色 | 高アミロース | 40.6 | 7.0 | 0.2 | 30.0 | 93.4 | 2.69 | 3.12 | 0.18 |
| 中国134号 | 高アミロース | 32.0 | 6.8 | 1.2 | 33.7 | 85.0 | 3.46 | 2.75 | 0.25 |
| ホシユタカ | 高アミロース | 35.7 | 5.9 | 0.8 | 32.0 | 98.4 | 2.50 | 2.76 | 0.24 |
| コシヒカリ | うるち(比較) | 42.0 | 5.2 | 8.5 | 82.0 | 81.5 | 19.62 | 2.14 | 0.50 |

表8-3 高アミロース米粉末の糊化特性

| 品種名 | ブレークダウン (RVU) | コンシステンシー (RVU) | Retro index 表層老化度 |
|---|---|---|---|
| 夢十色 | 127 ± 5 | 264 ± 9 | 170.9 ± 1.4 |
| 中国134号 | 58 ± 1 | 187 ± 2 | 115.5 ± 1.4 |
| ホシユタカ | 99 ± 3 | 193 ± 3 | 111.2 ± 0.8 |
| コシヒカリ | 224 ± 1 | 115 ± 2 | 72.1 ± 0.4 |

気分析を行った。その結果、図8-1に示すように、ホシユタカのほうがコシヒカリより呼気中水素ガスの量が多かった。この数値は、小腸で消化されずに、大腸において消化された量の指標であるため、高アミロース米ホシユタカは、一般米コシヒカリより難消化性であることを示している。

また、雌ラット各群8頭による2種類の米飯(高アミロース米「ホシユタカ」および一般米「コシヒカリ」)摂食後の血糖上昇を比較した結果を図8-2に示す。コシヒカリの場合

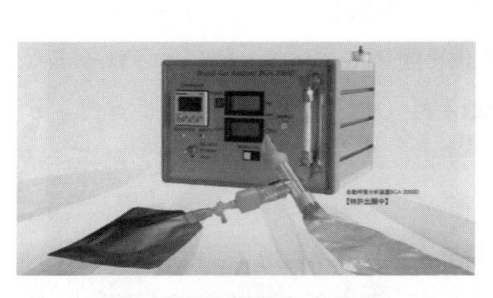

自動呼気分析装置 BGA-2000D

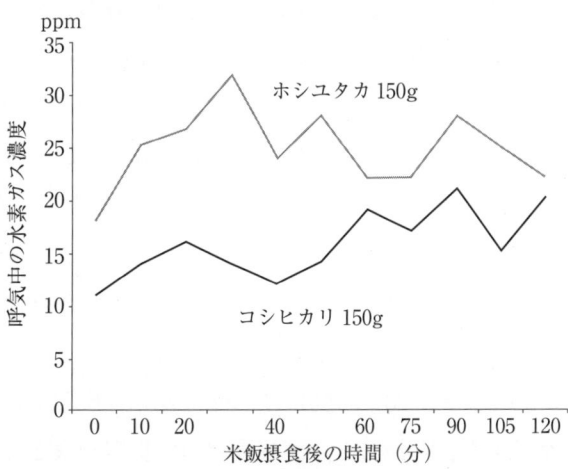

図8-1 呼気中の水素ガス濃度による難消化性の比較結果

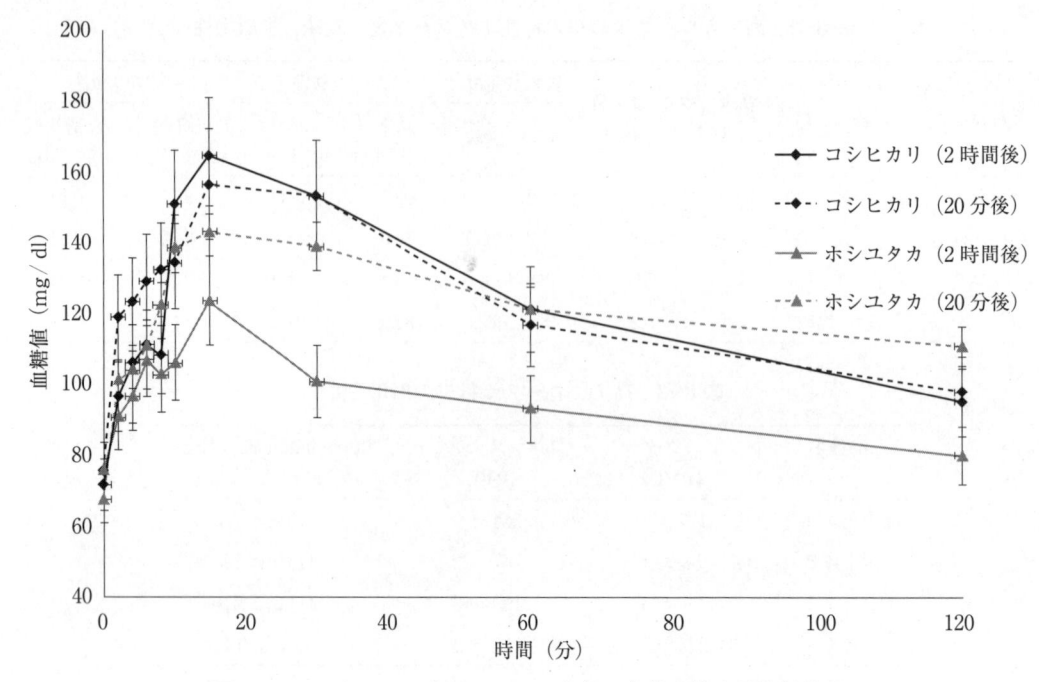

図8-2　ラットによる高アミロース米飯の食後血糖上昇抑制効果

は、炊飯20分後と2時間後で血糖上昇程度がほとんど変わらないのに対し、ホシユタカの場合は、2時間後のほうが血糖上昇抑制が著しかった。炊飯20分後の場合は、2種類の米飯の相違が比較的小さかったのに比べ、2時間後の場合は、米飯の種類による血糖上昇の相違が大きくなることが明らかになった。

### 2) 米飯の難消化性試験（ヒト試験）

　慈恵医大の宇都宮一典らは、米飯の難消化性について、ヒト試験を行った。対象は、初期は健常者10名、後期は糖尿病予備軍と考えられる10名を対象とした。普通米飯（「コシヒカリ」）および高アミロース米飯（「ホシユタカ」）を糖質75g相当量（米飯として約240g）を水とともに供試し、咀嚼回数は1口につき30～40回とし、約15分間で摂食させた。摂食後のグルコースおよびインシュリンの変化を図8-3に示す。図に示されるように、高アミロース米は、一般米に比べて有意に血糖上昇（30分後）およびインシュリン分泌（60分後、90分後）を抑制することが示された。一方、食後の遊離脂肪酸は、高アミロース米飯のほうが有意に少なかった。

　2008（平成20）年度には、健常者を対象とした高アミロース米の消化管ホルモン分泌に及ぼす影響の検討を、慈恵医大の宇都宮一典とキユーピー研究所の増田泰伸らが行い、健常人における高アミロース米負荷時のGLP-1反応は、普通米飯に比べて低減することを

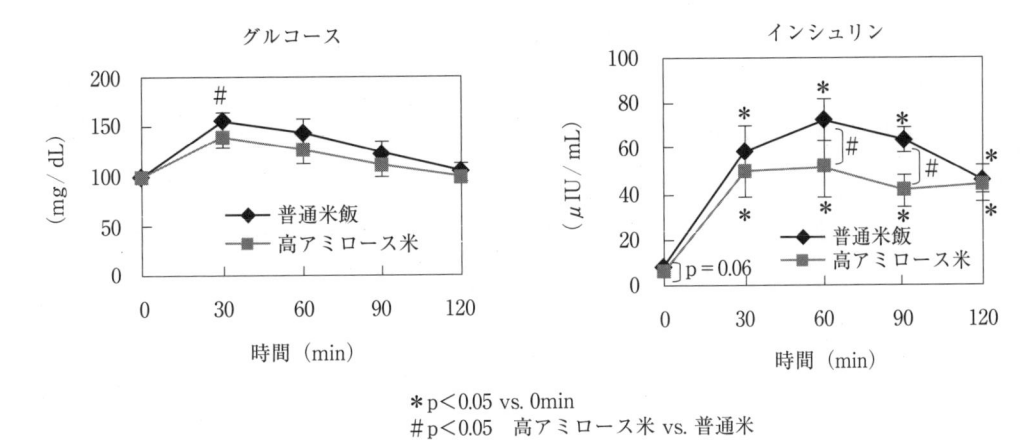

* p＜0.05 vs. 0min
# p＜0.05　高アミロース米 vs. 普通米

図8-3　ヒト試験における摂食後の血糖値およびインシュリン分泌の比較

見出した。また、2009（平成21）年度には、内臓脂肪型肥満者を対象とし、米飯負荷時のGLP-1、GIP、グレリンならびに血中AGEの変化を検討した。10名の腹囲85cm以上の男性ボランティア（平均年齢48.6歳、腹囲95cm）に、炭水化物として75gの普通米飯と高アミロース米をそれぞれ異なった日に摂取してもらい、30分毎に120分まで採血を行った。その結果、インシュリン反応は遅延増大パターンを示し、高アミロース米で最大反応は低減していた。また、普通米飯によるGLP-1反応は、健常者に比較して今回の内臓脂肪型肥満例で低下していた。

高アミロース米は、今回の対象でもGLP-1反応の低減を示した。グレリンの高アミロース米による抑制は、今回も確認できた。血中メチルグリオキサール（MGO）、3-デオキシグルコゾン（DG）、カルバミルメチルリジン（CML）には有意な変化はなかった。

以上の結果から、高アミロース米では、普通米に比べて摂取時の消化管におけるブドウ糖吸収が穏やかであり、GLP-1を介するインシュリン分泌が軽減されること、グレリンを抑制して食欲を抑え、脂肪分解を促進することが内臓脂肪型肥満例で確認された（図8-4）。

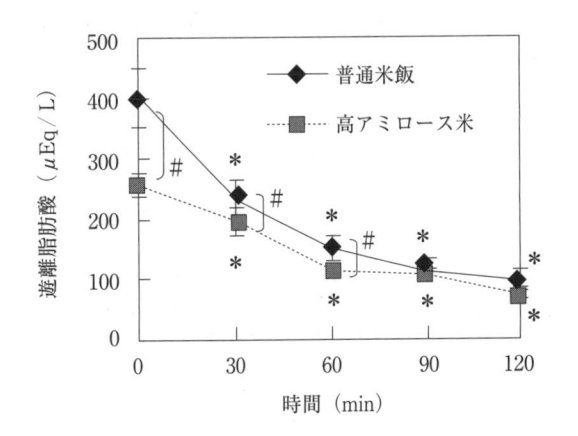

## 3. 超硬質米の米粉への利用

超硬質米とは、前述のように、デンプンのアミロース含量が多いのではなく、

* p＜0.05 vs. 0min
# p＜0.05　高アミロース米 vs. 普通米

図8-4　ヒト試験における摂食後の遊離脂肪酸の比較

主要成分であるアミロペクチンの短鎖の少ない米の総称であり、九州大学の佐藤　光教授の研究室でEM10、EM72、EM189などとして育成されている。これらの米は主要成分であるアミロペクチンの短鎖が少ないために、通常の高アミロース米よりさらにヨード呈色値が高く、見かけのアミロース含量は40％を超えるものが多い。

　大坪らは、佐藤教授との共同研究の中で、EM10などの米飯がきわめて硬くて粘りが弱く、フィルムとしての引張強度も強いことを2001（平成13）年に報告した。その後、農水省の食品機能プロジェクトに参加する中で、大坪らの研究室では、EM10をはじめとするこれらのアミロペクチン変異米がレジスタントスターチを多く含むことに注目し、米飯や米粉パン、米粉めんなど、各種の米加工品に利用する基本特許を出願した。

　米飯として摂食する場合は粒状であり、外層部から緩やかに消化されるので、食パンやマッシュポテトに比べて食後血糖上昇が緩やかであることが知られている。しかし、米粉として利用する場合には、この効果が薄れ、血糖が比較的速やかに上昇すると報告されている。そこで、大坪らは、このEM10などのアミロペクチン長鎖型の米を「超硬質米」と総称することを提案し、米粉加工品においても食後血糖上昇の抑制効果について研究を行ってきた。超硬質米の特性および米飯物性を**表8-4**に示す。

## 4. 超硬質米含有パンによる試験

　超硬質米EM10の精米150gに水400gを加え、α化デンプンを調製した。この試料480gに、市販の小麦粉（日清製粉製カメリヤ）350g、食塩1.5g、脱脂ミルク8.5g、無塩バター15g、砂糖17g、パン酵母3gを加え、パナソニック製家庭用製パン器（SD-BH101）を用いて食パンを作った。植物種子置換法によって測定したパンの比容積は3.9、テンシプレッサーを用いる多重バイト法で測定した硬さは1.8gw/cm$^2$であった。6名で試食した

表8-4　超硬質米の特性

| 品種系統名 | 米飯表層（圧縮率25％） | | | | 米飯粉全体（圧縮率90％） | | |
|---|---|---|---|---|---|---|---|
| | 硬さ | 粘り | 粘り/硬さ | 付着量 | 硬さ | 粘り | 粘り/硬さ |
| 金南風 | 97.8 | 22.7 | 0.23 | 1.29 | 2.18 | 0.52 | 0.24 |
| EM10 | 333.4 | 1.4 | 0.01 | 0.11 | 2.70 | 0.04 | 0.02 |
| EM72 | 238.4 | 1.1 | 0.01 | 0.10 | 2.68 | 0.07 | 0.03 |
| EM129 | 201.4 | 2.9 | 0.02 | 0.22 | 2.40 | 0.20 | 0.09 |
| EM189 | 198.7 | 1.3 | 0.01 | 0.14 | 2.85 | 0.14 | 0.06 |
| IR36 | 99.0 | 1.7 | 0.02 | 0.25 | 3.29 | 0.14 | 0.04 |

単位：表層の硬さ；×1,000dyn、粘り；×1,000dyn、付着量；mm
単位：全体の硬さ；×1,000,000dyn、粘り；×1,000,000dyn

結果、硬さや弾力性などの物理性においては市販の食パンより良好であり、パン製造4日後の物性については、市販の食パンを上まわる評価であった。

次いで、超硬質米EM10の小麦粉に対する配合割合を、前述の3：7から4：6に増加させて米粉含有パンを作製した。この米粉含有パンを試料として辻研究室で試食試験した結果、摂食後60分で有意にインシュリン分泌増加が抑制されていた（図8-5）。

糖尿病の患者および予備軍が増加している現在、高アミロース米の米飯あるいは超硬質米の米粉加工品が糖尿病の発症予防に少しでも役立つことができるよう、今後も各方面と協力しながら、技術開発を行っていきたいと考えている。

現在、農水省の実用技術開発事業の課題として、超硬質米を原料とする米粉新需要食品の開発が新潟大学を中核機関として5年計画で進められつつあり、その成果が期待されている（図8-6）。

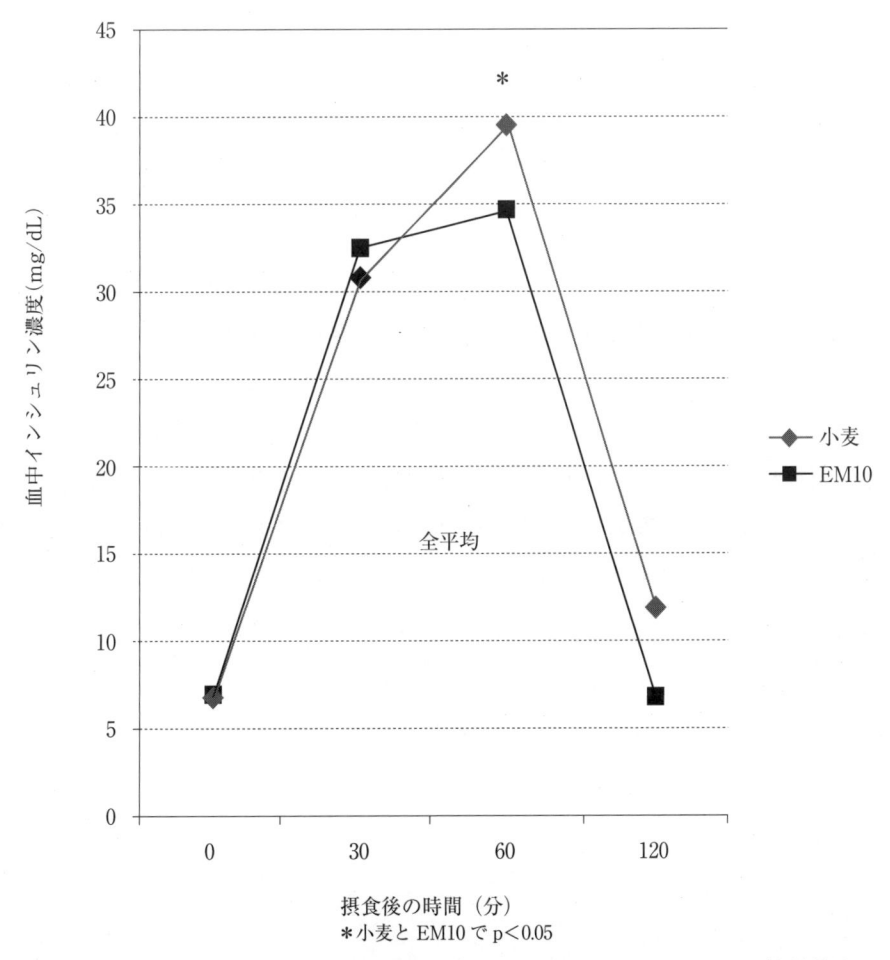

図8-5　超硬質米を4割配合した米粉含有パンの、食後インシュリン分泌抑制効果

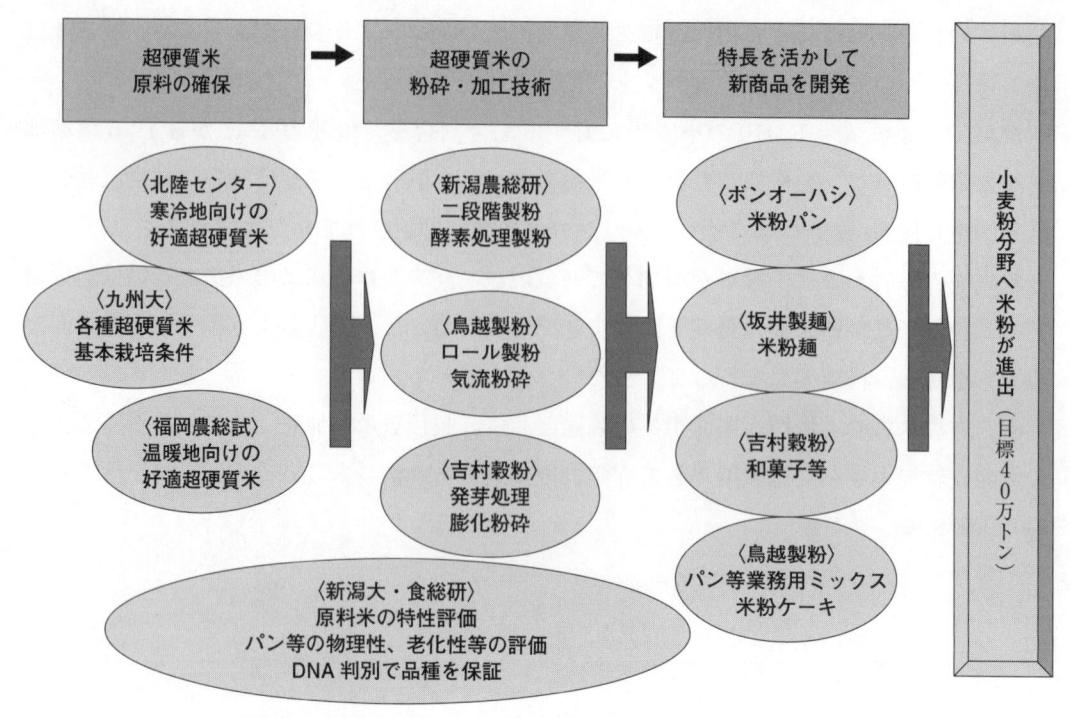

図8-6 農水省助成による超硬質米プロジェクトの全体計画

## 5. 高圧処理と酵素処理を併用した超微細米粉の開発

　新潟県地域結集型研究開発プログラム「食の高付加価値化に資する基盤技術の開発」（研究代表者：鈴木敦士新潟大名誉教授）は、（独）科学技術振興機構の委託事業（2008～2012年度）であり、その中の「高圧処理の優位性を活かした高付加価値食品の開発」というテーマのもとで、「米及び米粉加工技術の開発」（リーダー：新潟薬科大学 重松　亨教授）という研究が行われている。この研究では、新潟県農業総合研究所食品研究センターの本間らによって、高圧処理と酵素処理製粉法を組み合わせることで、損傷デンプンの少ない超微細米粉の製造技術が開発され、特許が出願された（図8-7、8-8）。この米粉は、平均粒径が約20 μm、損傷デンプン含量が4.6％であり、①粒度が細かくてざらつきがない、②デンプン損傷度が低いので、べたつかず、適度な吸水性と加工性に優れている、③なめらかさやしっとり感をもたせたいパン、洋菓子、麺などの食品に適している、とのことである。

第8章 米粉素材と超硬質米等

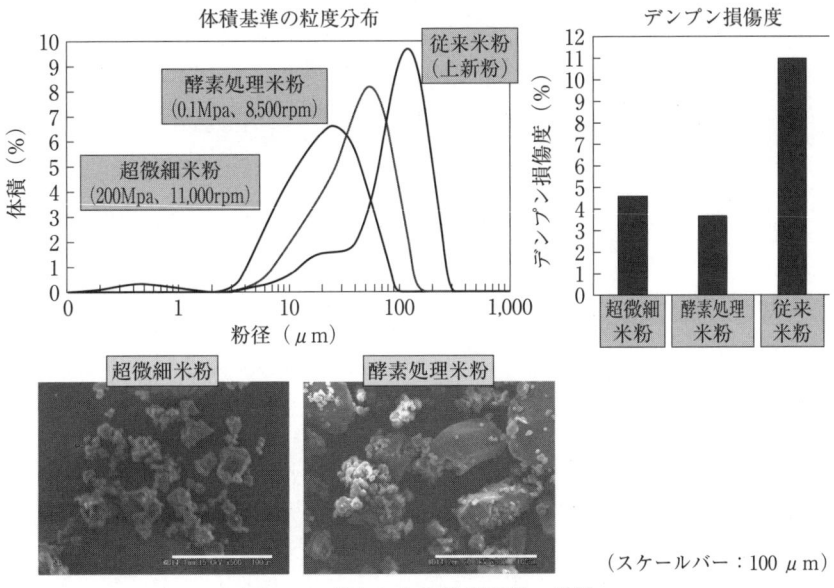

体積基準の粒度分布 — 酵素処理米粉（0.1Mpa、8,500rpm）、超微細米粉（200Mpa、11,000rpm）、従来米粉（上新粉）

デンプン損傷度 — 超微細米粉、酵素処理米粉、従来米粉

（スケールバー：100 μm）

図8-7 得られた超微細米粉の特徴

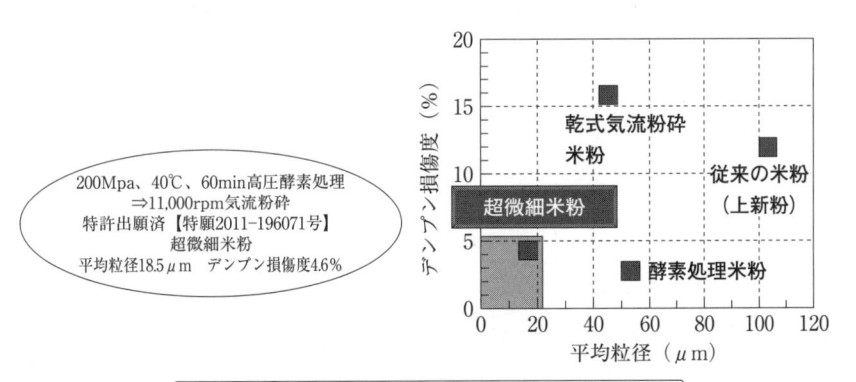

200Mpa、40℃、60min高圧酵素処理
⇒11,000rpm気流粉砕
特許出願済【特願2011-196071号】
超微細米粉
平均粒径18.5μm デンプン損傷度4.6％

高圧技術の応用により、従来にない微細な平均粒径と
デンプン損傷度の低い米粉の製造が可能となった。

特許出願2011-196071（本間紀之、西脇俊和、小林兼人、木戸みゆ紀、山本和貴、重松 亨、鈴木敦士）

図8-8 超微細米粉の平均粒径・デンプン損傷度

（大坪研一）

# 第9章　米粉の物性測定・判別技術の開発と特許情報

## 1. 米粉の粘度特性に基づく物性および老化性評価装置の開発

### 1) 開発の背景とねらい

　わが国では美味しい米の需要が高く、ご飯の美味しさを左右する米飯の硬さや粘りを正確に測定する技術が必要とされている。また、コンビニ等で販売される持ち帰り弁当や学校給食のように、炊飯直後に食べるのでなく、炊飯後に時間をおいてから食べる機会が多くなっており、炊飯直後の米飯物性のみならず、炊飯後の糊化デンプンの老化によって促進される米飯の硬化性を評価する技術の開発も強く求められている。

　従来、米の食味や老化性は、食味試験や高度な米飯物性測定装置を用いて評価されてきた。また、近赤外分光分析の手法を活用した各種の「食味計」も開発され、生産者から消費者に至るまで普及しつつある。しかしながら、少量の試料を用いて、簡易・迅速に、しかも正確に米飯物性や米飯老化性を評価する装置はこれまで開発されていなかった。

　食品総合研究所とフォス・ジャパン（株）は、ニューポートサイエンティフィック社の開発したラピッド・ビスコ・アナライザー（RVA）の米品質評価への適用を目的とする測定方法を、全国の7試験研究機関と共同で開発し、論文を発表（1997（平成9）年）するとともに、技術と装置の普及に努めてきた。

　筆者らは、ニューポートサイエンティフィック社の新型RVAの開発に伴って、糊化特性の測定結果に基づいた米飯の硬さや粘り等の物理特性、さらに、炊飯後の糊化デンプンの老化による米飯硬化性（冷やご飯のなりやすさ）等、ユーザーの求める利用特性を、測定結果として直接表示することができるソフトウェアを食総研が開発し、それを組み込んだ新型RVA装置として両者が共同で特許出願し、実用化した。従来、ユーザーは、測定によっては「この試料米は○○度での粘度が○○」というデータしか得られず、文献値等と比較しながら美味しさを推定することしかできなかった。しかし、今回の技術と装置の開発により、ユーザーは「この試料米は米飯の硬さ指標が○○で、炊飯後の老化のしやすさは○○」というように、試料米の特性を示すデータを直接読みとることが可能になった。

　この装置を使うことにより、4g程度の少量の試料米を用いて、①美味しい米の育種選

抜（育種研究者）や、②生産した米の美味しさの推定（農家）、③仕入れた米や販売する米の食味の推定（卸、精米業界、米販売業界）、④購入した米の食味や冷やご飯のなりやすさの推定（米加工業界、消費者）が簡単にできるようになり、この簡易迅速評価技術の開発によって米に携わる多くの人々が時間と労力を使わないで美味しい米を選ぶことができるようになるものと期待される。

## 2) 評価装置の内容・特徴

① 筆者らは、インド型（インディカ）高アミロース米、日本型（ジャポニカ）良質米、低アミロースの新形質米、もち米など、幅広い特性の米の米飯物性および低温保管後の米飯硬化性の評価を、長年にわたって多数の試料を用いて行ってきた。一方で、RVAを用いてこれらの幅広い試料米の糊化特性の評価も行ってきた。これらの結果に基づいて、糊化特性試験結果を変数とし、米飯の物理特性や、低温保管後の硬化特性を推定する解析方法を考案し、米飯物性推定式や老化性指標推定式を開発した。

② フォス・ジャパン（株）とニューポートサイエンティフィック社は共同で、RVAを小型化し、コンピューター内蔵の一体型糊化試験装置（新型RVA）を開発した。本装置は、昇温および降温速度が速く、回転粘度計の回転数や温度条件を多彩にプログラミングすることが可能である。さらに、内臓コンピューターによって測定データを推定式に基づいて利用特性値に変換して表示する基本性能を有している。小型で省スペースであり、3種類の利用特性値を表示する液晶表示部を備えている。

③ 筆者らの開発したソフトウエアを組み込んだ新型RVA「ライスマスター」は、新しいコンセプトの米食味評価装置と呼ぶこともできる。ご飯の美味しさの7割は、硬さや粘りといった物理特性で決まると言われている。しかし、従来、米飯の物理特性は、精米を炊飯し、一定温度まで冷ました後に、高度な米飯物性測定装置を用いて測定されてきた。しかもご飯は粒により、あるいは炊飯器中の場所により、その物理特性が異なるため、数十粒を測定して統計処理を行ったり、10g程度の米飯を数回反復して測定するといった複雑な操作が必要であった。まして、炊飯後の米は硬化性を評価するには、さらに長時間低温保管して経時的に米飯物性を測定するということが必要とされてきた。本装置は、その米飯物理特性や米飯老化性を、わずか3.5gの精米粉を試料として20分で簡便に推定することが可能である。

## 2. 米・米加工品の DNA 判別技術

### 1) さまざまな技術開発

　近年、食品の偽装表示が増加し、消費者の食品表示に対する信頼が揺らいでいる。また、わが国で多大な労力と年月をかけて育成されてきたイチゴやインゲンマメなどの品種が不正に海外に持ち出される事例があり、育成者権の保護が必要とされている。

　DNA 品種判別は、分子生物学の進歩を基礎に、情報量が多い DNA の品種間差異に着目して判別する技術であり、食品の偽装、特に品種偽装を防ぐためにも、また、育成者権を守るためにも有用な技術と考えられる。

　DNA 判別技術としては、対象とする植物のゲノムに存在する反復配列の長さに着目して判別する SSR 法、ゲノム中の 1 塩基の相違に着目して判別する SNP 法、制限酵素による断片長によって判別する RFLP 法、ランダムプライマーを用いる PCR によって判別する RAPD 法、PCR 法と RFLP 法とを組み合わせた AFLP 法や CAPS 法などが例として挙げられる。

　筆者らは、育種家の育成者権を守り、消費者の食品表示への信頼を高めることを目的に、米の DNA 品種判別に関する研究を行った。

　植物体と異なり、米はデンプン等の PCR 阻害物質が多いので、改良 CTAB 法を開発し、品種判別用 PCR プライマーとして、全国のコシヒカリ原種同士は同じ結果となり、親子品種の「あきたこまち」等とは明瞭に識別できる「コシヒカリ判別用プライマーセット」を開発した。

　また、米飯を試料とする判別技術として、DNA 分解酵素を失活させながら、PCR 用鋳型 DNA を抽出・精製する「酵素法」を開発した。

　さらに、もち米菓に対するワキシーコーン混入検出技術として、コーンの品種に関わらず混入を検出するため、コーンに普遍的なデンプン合成酵素 GBSS 特異的な PCR 用プライマーを開発した。

　2005(平成 17)年には、新潟県がいもち病抵抗性コシヒカリ同質遺伝子系統(4 系統混栽)に全面作付け転換したことを受けて、いもち病抵抗性 DNA マーカーを 4 種類開発し、新潟県産コシヒカリの識別キットを開発した。この同質遺伝子系統判別技術によって、産地や年産を判別することが可能になる。品種のみならず、米の産地・年産を判別するための基本技術として、意義ある技術といえる。

　また、米の食味に関係する各種デンプン合成酵素やタンパク質関連遺伝子に基づく PCR 用プライマーを多数開発し、PCR 結果の数値化・多変量解析による無胚芽半粒を試料とする食味選抜技術を開発した。

さらに、発酵後に残存する極微量のDNAをポリフェノール等の共存PCR阻害物質と分別精製する技術を開発し、酵素や病害抵抗因子などの植物特異的なPCRプライマーの開発と併せて、麹菌や酵母等の共存下でも判別可能な技術を開発した。

### 2) もち米加工品に対するワキシーコーン混入の検出技術

もち米加工品の例としては、白玉粉、餅、あられ、かきもちなどが挙げられるが、これらの製造に、ワキシーコーンを混合して使用する場合がある。それによって製品の物性を調節したり、コストを下げたりできるメリットがあるためである。混合自体は加工技術の適用であって問題ないが、コーンを混合しているので「水稲もち米100％使用」などと表示すると偽装表示となり、消費者の信頼を損なうことになって、国産もち米を用いて努力している食品加工企業にとっても、もち米産地にとっても打撃となる。

そこで筆者らは、新潟県農総研およびたかい食品（株）と共同で、もち米加工品におけるワキシーコーン検出技術の開発に取り組んだ。ポイントは、①米とコーンの相違点に着目して判別する、②コーンの種類によらない普遍的な検出、ということであった。そこで、コーンの主要タンパク質であるゼイン遺伝子の塩基配列およびデンプン合成酵素の遺伝子の塩基配列に基づいて、混入コーンをPCR法で検出するためのプライマーを設計した。この結果、もち米加工品における混入コーンの検出が可能となった。

### 3) 判別技術の今後の展望

DNA品種判別技術は、食品や農産物の表示に対する消費者の信頼を確保し、育成者権を守るという意義がある。最近では、DNA鑑定学会も設立され、当該技術の進歩や普及が促進されるものと期待されている。DNA品種判別技術は、分子生物学の分野における日進月歩の技術を実用的分野に適用したものであり、その意味から、今後も判別の迅速化や試料の微量化といった技術の改良と普及が必要とされている。

## 3. 最近の関連特許の紹介

### ① 最近の米粉利用の動き

最近出願された特許の中で、注目される米粉関係のものとして、以下の例が挙げられる。

・（株）波里：水分含量が16〜23.5％の高水分米を低温で粉砕する米粉の製法（特許公開2007-20458）
・静岡文化芸術大の米屋ら：生地を高温蒸気雰囲気中で表面糊化した後に押出加工や

焼成処理して製造する技術を開発（特許公開 2007-174911、2008-109）
- 松谷化学工業（株）：架橋デンプンや湿熱デンプン等の膨潤抑制デンプンと、ヒドロキシプロピルデンプン等の膨潤非抑制デンプンとを配合したベーカリー食品用小麦代替物（特許公開 2008-99629）
- 大坪ら：ヨーグルト等で炊飯した後に粉砕する品質改良硬質米粉（特許公開 2008-141957）
- （株）アサノ食品：部分糊化米を冷却、熟成の後、常温過熱水蒸気で乾燥することで糊化度を調整する米粉の製造技術（特許公開 2008-154576）
- 岩塚製菓（株）：水浸漬した米に米粉と増粘剤を添加して成形後、0℃以下で急速冷凍硬化させた米菓生地をフライ、または焼成する米粒同士の結着した米菓の製法（特許公開 2008-220216）
- （株）トータク：米粉バッターで油ちょう後ジェット噴射式加熱装置で加熱した後、冷凍する冷凍揚げ物（特許公開 2008-228607）
- （株）福森ドゥ：もち米粉 80〜85 重量部とグルテン 20〜15 重量部にマルトース、ショ糖を添加したもち米菓子・パン生地（特許公開 2008-228743）
- （有）麺匠高野：90〜80 重量部の小麦粉と 10〜20 重量部のマセレーテッド微細米粉を混合し、ゼリー状の布海苔を加えて麺を製造する冷麺状うどん（特許公開 2008-237044）
- 味の素（株）：トランスグルコシダーゼによってゆで時間が短縮され、ゆで伸びの抑制された乾麺製造法（特許公開 2008-245639）
- （有）ケン・リッチ：ヒドロキシプロピルメチルセルロースとオリーブ油を用いる米粉パンの製法（特許公開 2008-278827）
- （株）初雁麺：発芽玄米粉末および中力粉、強力粉を配合するうどんの製法（特許公開 2008-301708）
- 新潟県とまつや（株）：アミロース含量 25〜35％、デンプン損傷度が 1〜10％の米粉を麺生地とし、水分 35〜45％で、酸溶解度が 45〜55％とする米麺の製法（特許公開 2008-301769）
- 大坪ら：紫黒米、高度硬質米および糖質米のうち、少なくとも 2 種類以上の新形質米の米粉を含む米粉パン（特許公開 2009-232800）
- 大坪ら：1〜20％が難消化性デンプンで、3.5〜30％の食物繊維、0.005％以上の γ-アミノ酪酸を含む発芽穀類糊化組成物および、この組成物と小麦粉とを配合する食品生地（公開特許公報 2010-263793）

〔大坪研一〕

# 第10章　中国・韓国・台湾における米粉事情

## 1. 中国での米生産と消費 （中国農業大学の李里特教授の講演から許可を得て転載）

　最近の考古学の研究成果から、中国での稲の栽培は八千年以上もさかのぼることが明らかになった。中国は、世界における水稲原産地の1つと考えられている。世界の米生産および消費のうちの約30％を中国が占めている。

　中国人の消費する食品の中で穀物が93％を占めており、中でも米が最も多く、中国においても米は自給的な穀物である。中国ではインド型（インディカ）米と日本型（ジャポニカ）米が栽培されているが、1980年代はインド型米が主流で、約89％を占めていたが、近年、日本型米の生産と消費が増加しており、2005（平成17）年には約28％まで増加している。1人当たりの年間米消費量は、1990年代は約94kgであったが、2005（平成17）年には約79kgに減少した。特に都市部での消費量が減少している。

　米の食味嗜好では、一般に北部では日本型米が好まれ、南部ではインド型米の食味が好まれている。最近、都市部では日本型米の人気が上昇中である。

　中国では、日本と同様な調理法による米飯やおかゆが多く食される。日本発の電気釜も急速に普及しつつある。通常の白米に加えて、赤米や黒米の人気も高い。肉と米で作る味付きおにぎりのような「ラウ・ウイ・ポウ・ゼ・フェン」のような料理や、アヒルの腹にごはんを詰めて焼いて食べる「緑覇王鴨」（**写真1**）のような料理もある。また、日本の丼に似た中国式ベーコン丼（**写真2**）や、雑穀を煮た「ラパトウ」というおかゆ（**写真3**）もある。

## 2. 中国での米粉の利用 （中国農業大学の李里特教授の講演から許可を得て転載）

　中国では、米粉で作った麺（米線、ビーフン）が多く食される。ビーフンの材料はインド型米が適している。

　もち米で作る菓子も多い。中国では「年糕（ねんこう）」と呼ばれている（**写真4**）。年糕以外に、わ

写真1　緑覇王鴨 　　　　　　　　写真2　ベーコン丼

写真3　ラパトウ 　　　写真4　年糕 　　　　写真5　倫教糕

写真6　乾糕 　　　　　写真7　米糕 　　　　写真8　麻団（水果煎堆）

　が国のものと似たような餅もあり、正月に食べる。
　日本にあまりないものとして、「発糕(こう)」という蒸した米のパンがある。**写真5**に示す「倫教糕(こう)」も、その蒸しパンの一種であり、米のカステラのような食べ物である。
　さらに、日本の落雁に似た「乾糕(こう)」という打ち菓子がある（**写真6、7**）。

写真8に示すごま団子（麻団）は、米で作った皮の中に餡が入っており、外側にごまが付いた、揚げまんじゅうである。

中国には、日本のような硬いせんべいはあまりない。中国人は硬いと受け入れないので、李里特教授はせんべいの開発に際し、日本の研究者と共同でソフトなせんべいを開発したとのことである。

最近、中国の都市部では、食の洋風化が進み、西洋料理と肉料理の摂取が若い人の間で増えてきている。それにともなって生活習慣病も増加している。2004（平成16）年の健康調査によると、高血圧患者は1.6億人、高脂血症患者も1.6億人、肥満者2億人、糖尿病患者2,000万人と報告され、その後、さらに生活習慣病患者数は増加している。そのような背景の中、健康ブームに乗って、黒米や赤米などの色素米の人気が上昇中とのことである。

李里特教授は、日本をはじめ、東南アジアなどの米の食文化圏の交流を通じて、中国の米産業を振興する必要があると考えている。

## 3. 最近の中国の米加工食品

最近の中国の米加工食品を、以下に紹介する。

《米粉　ビーフン》（**写真9**）

　産地：浙江省から南の米産地で生産され、福建省、江西省などが有名。台湾（新竹）も産地。

　原料：インディカ種のうるち米。

　製法：米を水に浸漬し、石臼で加水しながらできるだけ細かく摩細する。熟米粉と生米粉をこね合わせる。圧搾除水して蒸熟し、機械でそうめん状に押し出して沸騰水中に落として茹であげ、乾燥させる。

　食べ方：ぬるま湯で戻して炒めたり、スープに入れて食べる

　出典：週刊朝日百科「世界の食べもの」7-163、216、219、朝日新聞社　1982年
　　　　洪光住（監修）「中国食物事典」柴田書店　1991年

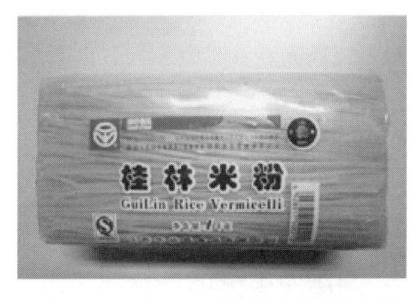

写真9　ビーフン（桂林（江西省）産）

写真10　伝統的な餅菓子である「老北京私房小吃」

《餅菓子》(**写真10**)

　家庭、レストランなどで作りたてを食べる菓子。わが国でも白玉団子、ういろう、羊羹などに類する菓子にもち米粉を使用する。栗、ごま、松の実　くるみなどと組み合わせた点心は種類が多い。

　最近は加工食品として、賞味期間の長い（写真のものは6カ月）製品が生産されるようになっている。

　出典：洪光住（監修）「中国食物事典」　柴田書店　1991年
　　　　袁　枚　「隋園食単」岩波文庫　1990年

《汁粉の素》(**写真11**)（「栄養蓮子篤羹」「中老年核桃粉」）

　日本の汁粉は小豆を使用したトロミのある飲み物であるが、中国では米を原材料として小豆だけでなく胡麻、蓮の実、くるみ、落花生なども材料に使用する。家庭で手軽に楽しめるようにミックスパウダーとなって多種類あり、お湯を注いでかき混ぜて食べる。伝統的な飲み物を手軽に楽しめる製品であるだけでなく、中高年の保健用食品として、さらにキシリトールを添加している製品も発売されている。スーパーには大袋に15〜20食分が入って販売されている。トロミがあって飲みやすいが、嚥下障害用として販売しているわけではない。

　（写真の製品はいずれも北京市内のスーパーで2012（平成24）年2月に入手したもの。）

## 4. 韓国の米事情

　韓国はわが国と同様、東北アジアの食文化圏に属し、米を中心として、発酵食品や野菜を多く食している。ここでは、2008（平成20）年に新潟市で開催された「食と花の世界フォーラム」での、韓国国立作物科学研究院の崔海椿博士による講演を基に、韓国における

**写真11**　汁粉の素（左：蓮の実を添加したもの、右：くるみを添加したもの）

米事情を概観する。韓国においては、全農産物生産額のうちの31％を米が占めており、全GDPの2.1％に相当し、農家総収入の41％に当たる。そして、1人当たりのエネルギー摂取量の35％を供給し、タンパク質供給量の21％を占めている。韓国における米の生産は、1970年代の「統一」などの日印交雑種の普及によって急速に増加し、1980年代になっての良食味の日本型米への転換後も高収量性は続いている。しかしながら、90年代から2000年代にかけては、稲の栽培面積の減少に伴って米の生産量も減少し、1988（昭和63）年の約600万tから、2006（平成18）年では約500万tとなっている。また、韓国の1人当たりの年間米消費量は、1980（昭和55）年には約122kgであったが、2006（平成18）年には約79kgに減少している。加工に利用される米の割合は約7.4％である。

## 5. 韓国における多様な新品種の育成

韓国では、1970～80年代にかけて、日本型品種とインド型品種の交配による「統一」系の多収品種系統が育成された。1986（昭和61）年以来、この系統の品種は実用化されていないが、飼料用や将来の食料自給率対応のための多収の研究は続けられている。1990～2000年代は、毎年10品種ほどが開発され、低温耐性、病虫害抵抗性、ストレス抵抗性、短期生育性等が改良された。また、この時期に、食味改良や加工用品種の育成も行われ、2000年代には、健康機能、高品質化、複合病害抵抗性、直播適性などが主要な育種目標となった。2000年代の韓国における日本型稲の収量は、約5.49t/haであり、多収稲の場合は約7.53t/haである。1990年代には良食味品種として「一品」等が育成され、アミロース含量は約18％であった。良食味系統育成のため、物理化学的測定の多変量解析による食味推定も行われた。1990（平成2）年以来、韓国では多様な用途に向けた「新形質米」の育成が行われ、大粒米、香り米、色素米、高アミロース米、巨大胚芽米、高食物繊維米などが開発されている。

## 6. 韓国における米の加工利用への適用

韓国では調理済み米飯、冷凍米飯、レトルト米飯、無菌米飯、即席米麺、即席米粥、餅、パフドライス、米飲料、醸造酒、無洗米などさまざまな米利用製品が開発されている（**写真12～15**）。それらのうち、餅と米麺が約57％、醸造酒が約22％を占めている。他にも、韓国食品開発院（KFRI）で多くの米加工品が開発されている。

写真12　さまざまな調理済み米飯

写真13　各種の無菌米飯

写真14　米スナック(上)と粥(下)

## 7. 台湾の米事情

　台湾は面積が約3万6千平方キロであり、北部は亜熱帯性気候、南部は熱帯性気候である。戦前、日本の占領時代、インド型米のみであった台湾において、台北帝国大学の磯永吉教授らが日本型とインド型の交配や米質改良に長年取り組み、良質多収の「台中65号」など多くの新品種を育成し、「蓬莱米の父」と呼ばれたことはよく知られている。

　2010（平成22）年の統計によると、台湾の稲作面積は約24万ha、米の収穫量は、合計で116万8千t、そのうち、日本型のうるち米が大部分で約102万6千t、インド型のうるち米が約1万4千t、インド型の軟質米が約6万7千t、日本型のもち米が約2万7千t、インド型のもち米が約3万5千tとなっている（台湾農業統計年報2010年）。経済力の向上にともなって、国民1人当たりの年間米消費量は約50kgまで減少し、食料自給率の低下や小麦の輸入（年間約100万t）、米の輸入圧力などに苦しんでいる点も、わが国や韓国とよく似ている。最近、台東や台中において、米の農業改良研究や米食研究が熱心に進められている。

## 8. 台湾の伝統的な米利用食品

　台湾では、中国大陸と同様に、伝統的な米利用食品（肉粽（ローツォン）、年糕、発糕）があり、正月や旧正月に食べる習慣があった。年糕は、もち米を水浸漬した後に水挽きし、

**写真15** 天ぷら粉（左上）、チューインガム（右上）、即席米麺（左下）、即席ビビンパ（右下）

**写真16** 伝統的な大根餅

乾燥した後に各種の配合物と混合して充塡、蒸煮したものである。発糕は、蓬莱米を水浸漬した後に紅麴を加えて水挽きし、小麦グルテンと糖を加えて練り合わせたのちに容器に入れて成型し、蒸しあげたものである。**写真16**には台湾の客家に伝わる大根餅（蘿蔔糕：ルオポガオ）を示す。水挽きしたもち米の乳液に、細切りして茹でた大根などを加えて蒸し上げ、最後に油で焼き上げるものである。しかしながら、最近は若者を中心に、こうした伝統食品があまり食されなくなってきているそうである。

## 9. 台湾における新しい米粉利用食品

2012（平成24）年に台湾大学で開催された「米食の加工・栄養の国際シンポジウム」では、**写真17**および**写真18**に示すような、米を利用したケーキ、カステラ、パン、麺など

写真17　小麦グルテンを含まない各種の米加工食品

写真18　各種の米加工食品の例

写真19　米を利用した菓子

第10章　中国・韓国・台湾における米粉事情　　91

写真20　各種の米粉麺

写真21　市場で見かける調理済みの米粉麺

の展示も行われた。

　写真19は、米を利用した伝統的な菓子である。

　また、鶏卵、イカスミ、抹茶などを練り込んだ米粉麺を写真20に示す。

　写真21には、市場で販売されている各種の米粉麺を示す。きわめて細い米線から、かなり太めのきしめん風のものまで多彩である。

　中華穀類食品工業技術研究所のLu Shin所長らは、米に付加価値をつけるために、玄米、米糠、発芽玄米などの機能性に着目し、時には高温高圧押し出し装置（エクストルーダー）なども用いながら、写真17、18、20に示すような各種の米粉パン、麺、菓子、ケーキ、液体飲料などを開発してきた。おいしさと機能性を両立させるために、安定化米糠を原料とするふりかけ（米糠香鬆）も開発されている。Lu Shin所長の講演では、水田で開催される演奏会（稲穂音楽節）なども紹介され、水田と米を守るための多様な取り組みが発表された。

（大坪研一、別府　茂）

# 第11章　米粉普及に向けた新潟県の取り組み

## 1. わが国の食料需給の現状と新潟県の「R10プロジェクト」

　わが国の2010（平成22）年度の食料需給表（2011（平成23）年8月公表）では、日本のカロリーベースの食料自給率は39％と、依然として主要先進国の中では最低水準であり、食料の大半を輸入に頼っている状況にある。

　日本の食生活は欧米化が進み、主食が米中心からパンや麺類等へと多様化しているが、その原料となる小麦も、ほとんどを輸入に頼っている。しかし、近年、開発途上国の経済発展による食料需要の増大、世界的な異常気象に伴う干ばつの発生、バイオ燃料の生産拡大に伴う食用以外での穀物需要の増大等の影響で、小麦価格は不安定な動向を示しており、将来にわたっての小麦の安定確保が不安視されている。

　また、食料輸送時に排出される温室効果ガスの排出量は、年間約1,700万tと推計され、地球の温暖化に多大な影響を与えている。

　さらに深刻なのは、米の生産調整の拡大や農業者の高齢化に伴い、耕作放棄地が増加し、国土保全機能が低下してきていることである。本来、森林や水田等は、雨水を保水することで洪水や山間部の崖崩れ等を防止する機能があるが、耕作放棄地の増加によりその機能が低下してきており、災害が起きる危険性が高まっていると言われている。

　一方、国内の米の消費量は一貫して減少傾向にあり、人口の減少と1人当たりの米消費量の減少が相まって、今後ともその傾向は続いていくと見られている。

　食料自給率の低下に危機感を抱きながら、国内で自給可能な米の活用がなされていない日本の現状。この解決を図るため、輸入小麦から生産される小麦粉約500万tの10％以上を国産の米粉に置き換え、食料自給率の向上を目指す国民的な取り組みが、新潟県から全国に向けて提唱する、にいがた発「R10プロジェクト」（Rice Flour 10% Project）である。

## 2. にいがた発「R10プロジェクト」提唱の背景

新潟県が全国に向けてR10プロジェクトを提唱することには、大きく2つの背景がある。

1つ目は「米どころ」という新潟県の風土である。新潟県は、数多いブランド米の中でも特に美味しいと人気が高い「コシヒカリ」を中心に、「越路早生」やもち品種の「こがねもち」、そして2001（平成13年）度にデビューした、コシヒカリの血統を受け継ぐ早生品種「こしいぶき」等、多様な美味しいお米を品揃えしている。恵まれた自然による広大な土地と清らかな水、そして、生産者のたゆまぬ努力により生産される「新潟県産米」。その美味しさは格別であり、全国の消費者から高い評価をいただいている。また、米を原料とする食品産業は、新潟県の基幹産業の1つであり、米穀粉（米粉）は生産量が全国第1位、米菓、切餅包装餅は出荷額全国第1位、清酒は全国第3位と、米どころ「にいがた」にふさわしい産業が発展している。

もう1つの背景は、本県独自の高い米粉製粉技術が確立していることで、新潟県農業総合研究所食品研究センターでは、昭和60年代から米の微細製粉技術の開発に取り組み、二段階製粉技術と酵素処理製粉技術の、2つの技術を開発したことである。

## 3. にいがた発「R10プロジェクト」の創設

新潟県では、食品研究センターが開発した米粉製品の加工技術の普及を通じ、米粉製品の開発・製造・販売を支援するため、学校給食関係者や県内の食品製造業者に対し、以下の普及啓発の取り組みを実施してきた。

まず、2003（平成15）年度から、県内の学校給食において米粉パンの本格導入が開始されたが、その利用拡大に当たり、子どもたちに美味しい米粉パンを届けるため、パンの均質化（技術向上）を図る講習会を、（財）新潟県学校給食会と新潟県パン協同組合と連携して実施した。そして2007（平成19）年度からは、学校給食用米粉パン品質審査会も開催し、更なる品質の向上に取り組んできた。

また、一般食品製造業者（パン、洋菓子）への利用拡大を図るため、2005（平成17）年度に、食品研究センターで開発したグルテンレスパン（小麦グルテンを使用しないパン）の製造技術の普及を目的に、初めて技術講習会を開催した。さらに2006（平成18）年度からは、米粉パンおよびケーキの製造技術普及講習会を開催し、県内の食品製造業者の商品化を支援してきた。

新潟県では、このようにさまざまな米粉普及啓発活動を実施してきたが、食品産業への

大きな需要拡大につながらず、県内の米粉生産量もゆるやかな伸びを見せるにとどまっていた。このため、米粉の利用拡大を推進する上で、消費者や生産者、食品関連企業等に対する普及活動を強化し、消費者の米粉に対する共感度の向上と米粉商品の開発・販売に取り組む企業の増加を図り、市場における米粉需要を喚起することが課題として検討されていた。そこで、メッセージ性のある情報発信と、業界への波及力がある新たな米粉ビジネスの創出により、米粉の普及を「点」から「面」へ拡大すべく、2008（平成20）年度から取り組まれたのが、にいがた発「R10プロジェクト」である。

## 4. にいがた発「R10プロジェクト」が目指すもの

　にいがた発「R10プロジェクト」では、小麦粉に米粉を10％以上配合した商品を、フードマイレージを節約した「環境重視型商品」として、また米粉の栄養特性や食味を重視した米粉を主原料とする商品を「機能重視型商品」としてそれぞれ位置づけ、両商品の普及を通じ全体として小麦粉消費量の10％以上を国産の米粉に置き換えることにより、食料自給率の向上を目指している。このR10プロジェクトの推進により期待できる具体的効果は、次のとおりである。
　① 食料自給率が約2ポイント向上する
　② 輸入小麦輸送時にかかわる$CO_2$排出量約20.9万トンの削減に貢献する
　③ 約10万ha相当の耕作放棄地面積の解消につながる
　　（いずれも新潟県農林水産部食品・流通課試算）

これまで、R10プロジェクトを進めていくアクションプランとして、新潟県では下記の取り組みを進めてきた。
　① 米産地～企業～消費者による食料自給率向上のループの形成と、米粉ビジネスモデル活動の創出
　② 加工適性や機能性等の科学的根拠の具備と、実需者・消費者メリットの明確化
　③ 消費者団体や食品関連団体、地方公共団体との協力・連携を推進するためのプロジェクトの基盤作り

次に、これらの具体的な活動を紹介する。

## 5. 米粉ビジネスモデル活動の創出

　前節①の米産地～企業（製粉会社、食品製造業）～消費者による食料自給率向上のループの形成と米粉ビジネスモデル活動の創出に向け、新潟県では以下の活動を行ってきた。

県内の食品製造業における米粉の利用を促進させるため、米粉を活用した新商品開発を支援している。その内容は、新商品開発およびマーケティングに要する経費の補助、食品関連の専門家（流通バイヤー、デザイナー、試験研究機関研究員等）を参集した試作品に対する評価会の開催、商品化後の販路開拓支援等であり、2008（平成20）年度以降、米粉の生パスタ、乾麺、家庭用米粉、米パン粉等の新商品開発を支援した。

　また、県内の外食産業等に働きかけ、2008（平成20）年度には県内イタリアンレストランが製粉企業や食品メーカーと協同し、米粉パスタ等を用いたメニューを一斉に提供する「米粉イタリアンプロジェクト」を、2009（平成21）年度には県内の洋菓子店が新商品の米粉スイーツを一斉に提供する「米粉スイーツプロジェクト」を実施した。さらに2010（平成22）年度には、県内のイタリアンレストランおよび温泉旅館と連携し、2回目となる「米粉イタリアンプロジェクト」を実施した。各プロジェクトとも県内のマスメディアからさまざまな機会において紹介されるなどパブリシティ効果も高く、県内消費者への情報発信も効果的に実施することができた。また参加店舗において、プロジェクト期間終了後にメニューや商品を定番化したケースも多い。

　流通企業と連携した取り組みとしては、大手コンビニとタイアップした新商品の開発と販売も複数実現した。サークルK、ファミリーマート、セブン-イレブン、ローソンといったコンビニにおいて、販売地域や期間限定の有無等に違いはあるものの、新潟県産の米粉を活用したパン、パスタ、スイーツ等の商品化がなされ、県内産地、企業との連携が進んだ。中でもローソンにおいては、全国の店舗で販売する米粉パンを、2009（平成21）年11月以降、全量新潟県産米粉の使用に切り替えることとなり、その原料米についても県内の生産者と契約栽培するに至った。

　さらに、県外の食品メーカーに対する情報発信の手法として、新潟県へ担当者を招へいし、米産地や製粉企業の工場を視察する産地見学会を実施した。これを機に、エースコック（株）では、県産コシヒカリの米粉を使用し、業界初となる米粉を使用した即席袋めんを開発した。発売当初の2010（平成22）年は県内のみの販売であったが、計画を上回る売上を記録し、2011（平成23）年からは関東・関西等へも販路を拡大し、2012（平成24）年3月には全国販売に至った。

　また、県内米粉関係者の連携強化とビジネスモデルの創出に向け、県が事務局となり、生産者団体や米粉関連企業を構成員とする需給調整会議を定期的に開催し、需要動向を生産に反映している。

## 6. 科学的根拠の具備と実需者、消費者メリットの明確化

　小麦粉製品に米粉を混ぜて製造した際の加工適性について、工場レベルでの評価の実証や、県内の大学と協同してタンパク質や脂質等の成分含量の分析、呈味成分の評価等、米粉の機能性に関する検証を行った。この評価や検証についてはまだ解明の余地も多いが、これらを明確にした実需者や消費者に向けたメリットの情報発信は、米粉の普及に向けた重要項目の1つと考える。

## 7.「R10プロジェクト」の基盤作り

　R10プロジェクトを普及させるための基盤作りに向けては、さまざまな機会を捉えて情報発信することが重要である。

　幅広い層に向けた情報発信を図るため、2007（平成19）年度、プロジェクトの創設に先駆け、やなせたかし先生に依頼し、米粉PRキャラクター「コメパンマン」を製作していただいた。この親しみのあるキャラクターは、パンフレット等の媒体への活用や着ぐるみの県内・県外イベントへの出演等、さまざまなシーンでの情報発信の強力なツールとして活躍している。

　学校給食現場においては、2003（平成15）年から米粉パンの導入が実施されてきたところであるが、2009（平成21）年からは製麺業者の技術開発の成果もあり、米粉麺の導入が開始された。学校現場では、米粉パンや米粉麺を食べることの意味を、児童に対し食育として伝えているが、これにより児童が米粉を身近に感じ、自らが商品を購入する消費者となった際に、自然に米粉商品に手を伸ばすことにつながるものと考える。

　また、将来の調理現場のプロが早い段階から米粉に慣れ親しんでもらうことを目的に、県内の調理師専門学校、大学、高校の学生を対象とした、「学生米粉料理コンテスト」を実施している。優れた作品については、レシピの冊子化や新潟県のホームページでの公開を行い、さらに最優秀作品については、県庁内のレストランでメニュー化することにより、コンテスト自体の認知度向上と、学生のコンテストへの応募意欲の喚起に努めている。

　R10プロジェクトの拡大のためには、米粉関係者に対する加工技術の普及も重要な課題である。新潟県が開発した2種類の微細製粉技術について、従来は県内企業に限定して許諾していた。しかし、R10プロジェクトの全国的な拡大を図るためには、全国的な製粉技術の向上が必要であることから、2008（平成20）年度からは県外企業へも許諾することとし、これと同時に、全国の米粉関連企業を新潟県に招き、同技術の公開セミナーを開催した。

また、県内のパン、洋菓子店での米粉の利用拡大を図るため、それら店舗の製造技術者を対象とした講習会「米粉カレッジ」を開催し、加工技術の高位平準化を図っている。

## 8.「R10プロジェクト」の将来について

　以上、食料自給率向上に向けた、にいがた発「R10プロジェクト」の一端を紹介させていただいた。

　3年にわたるプロジェクト推進の効果もあり、新潟県内の米粉関連事業者においてはR10プロジェクトのコンセプトが徐々に普及しており、消費者についても一定の認知は図られているものと感じている。

　また、新潟県内の米粉用の新規需要米の栽培数量等を見ると、2008（平成20）年は58ha、313tであったものが、2011（平成23）年は2,571ha、14,384tと、大幅な増加に至っている。これは、国が実施する生産者に対する支援の効果もあるものと思うが、米粉の需要が伸びていること、および生産者においても米粉の将来性にかける期待が大きいことの表れであると思われる。

　しかし、前述のビジネスモデル創出の例では、地域や期間等、限定的な取り組みが多いのも事実であり、大半の実需者においてはいまだ様子見傾向にあると感じている。また、消費者においても米粉はまだ珍しいものであり、話題性で一度は食べてはみるが、家に常備して利用する者はまだまだ少数であろう。さらに、最近の小麦価格は上昇傾向にあるが、いまだ生産ロット等の関係で米粉のほうが高価格であり、国内の消費動向は不況により「価格の安いもの」を求める傾向からも、小麦粉と米粉が価格のみで比較された場合、米粉は分が悪い状況に置かれている。

　米粉の活用が一過性に終わることなく市場に定着していくために、県では、2010（平成22）年度、有識者で構成する「うまさぎっしり新潟『食のプロデュース会議』」にて米粉の需要拡大について検討した。その結果、今後、R10プロジェクトの推進に向け、以下の3つの方向性に基づき、施策を展開していくことになった。

　　① 大手食品メーカーによる利用促進、米粉の安定的な生産体制の整備等による「大口需要者の獲得」
　　② 米粉の用途別の規格の構築や、多様な分野・業界での利用促進を通じた「幅広い需要の開拓」
　　③ 米粉のメリットの情報発信や、使いやすい商品開発の推進による「家庭での普及」

　この3つの方向性を推進するに当たっては、官民が目的や目標を共有しながら、消費者

視点で課題の解決やビジネスモデルの創出を行っていくことが必要である。行政をはじめ、全国の生産者、消費者、食品関連企業等、多くの関係者からにいがた発「R10プロジェクト」に賛同していただき、この取り組みが全国に拡大することを期待するとともに、新潟県内においてもこのプロジェクトの原動力となるビジネスモデルが次々と創出され、わが国の米粉の食文化が定着するよう、新潟県として引き続き努力していきたいと考えている。

## 9. 新潟県の米粉政策の方向性

前述したとおり、2010（平成22）年度に、新潟県では、食の魅力の向上を通じて県産農林水産物の消費拡大等を図るアイデア創出の場として、有識者で構成する「うまさぎっしり新潟『食のプロデュース会議』」を設置した。

当会議の「米粉分科会」から2011（平成23）年2月に提出された「新潟県の米粉政策の方向性」の報告書の内容を以下に掲載する。

### 〈新潟県の米粉政策の方向性〉

**(1) はじめに**

わが国における米の年間生産量は、約850万tである。日本人にとって、米は他に代えられない主食であり、わずかに余っても価格は大きく低下し、わずかに足りなくても価格は大きく上昇する。主食用の米は、年々余る傾向にあり、その結果、耕作がされない水田が増えていけば、日本にとって必要不可欠な水田を守っていくことも困難になる。世界人口が確実に増加すること、発展途上国が豊かになりそれらの国の食料需要が多くなること、国連食糧農業機関（FAO）の統計によると今年1月の食料価格は史上最高になっており、今後の見通しも不透明なこと等を考えれば、食糧危機は、必ず来る。

主食用米の消費が減っている大きな要因は、パンやめんなどに使われる小麦の消費拡大である。現在、小麦粉の消費量は約500万tで、そのほとんどが海外から輸入されている。その1割（50万t）を「米粉」に代えることができれば、

・輸入小麦に代わって、国内で自給可能な米が利用できる
・生産調整（減反）の対象となる水田で、米粉用の米をつくれば農地を守れる
・農業経営を守れるということにつながっていく

米粉の生産・利用の拡大は、将来の食糧危機に備えるものであり、日本の食料安全保障上不可欠なものである。また、食料生産県であり、日本一の米どころである新潟県にとっ

ては、米粉の利用拡大によって、農業と水田を守ることは、きわめて重要な課題である。

現在、全国の米粉用米の生産量は約3万tであり、新潟県はその約35％を生産している。米粉の大幅な利用拡大を図るためには、まず全国第1位の米粉生産県である新潟県がリーダーシップを取って、米粉の大幅な生産拡大を図る必要がある。また、米粉の大幅な利用拡大を図るためには、米粉を消費者に受け入れてもらう必要がある。そのためには、日本の米を巡る状況とともに、

　　・米粉は体に良い（小麦粉に比べて油の吸収率が低い）

　　・米粉は小麦アレルギー対応も可能

といった米粉の特徴・優位性を幅広く周知し、米粉に関する消費者の理解を深めていくことが重要である。

### (2) 新潟県の強み
#### 1) 新潟県の米・米粉の生産力

新潟県の米は、作付面積、収穫量、農業産出額のいずれをとっても全国第1位である。県の農業産出額の約60％を米が占めており、数多いブランド米の中でも特に市場評価の高い「コシヒカリ」を中心に、美味しいお米を各種栽培している。

恵まれた自然による広大な土地と清らかな水、そして、生産者のたゆまぬ努力により生産される新潟県産米の美味しさは格別であり、全国の消費者から、高い評価を得ている。

また、食品産業は、新潟県の基幹産業の1つであり、米菓、切餅包装餅は出荷額全国第1位、清酒は全国第3位と、「米どころ新潟」にふさわしい産業が発展している。

このうち、出荷額では約5割、生産量では約7割のシェアを有する米菓産業は、原料として米粉を大量に使用することから米粉に対する需要も多く、米粉生産量は全国シェアの約32％と、米と同じく全国第1位を誇っている。

さらに、小麦代替などに用いられる米粉用米（新規需要米）の生産量は、最近2年間で30倍となり、全国第1位（全国シェア約35％）となっている。

#### 2) 新潟県の米粉技術力

米粉は、古くから和菓子や団子に使用されてきた、わが国にとってなじみの深い食材である。また、前述の米菓産業での需要もあり、食品産業を基幹産業とする新潟県では、早くから米粉の研究に取り組んできた。

昭和60年代から県農業総合研究所食品研究センターは、従来の製粉技術では避けられなかった発熱による澱粉の熱損傷を防止するため、米の微細製粉技術の開発に着手し、「小麦粉並み、またはそれ以上に細かく、品質の優れた米粉の開発」へ取り組んだ結果、2

種類の微細製粉技術の開発に成功した。それが、二段階製粉技術と酵素処理製粉技術である。

これらの技術を活用することにより、小麦粉に米粉を混ぜて、あるいは、米粉を主原料としたさまざまな食品づくりが可能となり、米粉の用途が大幅に拡大した。

現在、この製粉技術を用いた米粉は、その品質や加工適性が認められ、全国で事業展開する大手食品メーカーやコンビニで製造・販売される商品に数多く用いられている。

### (3) 需要拡大に向けた方向と個別課題

これまでの取り組みにより、R10プロジェクトは徐々に浸透し、一定の成果をあげているが、R10プロジェクトの目標である「輸入に頼る小麦粉（約500万t）の10％（50万t）以上を米粉に置き換え、わが国の食生活へ米粉文化の定着を図る」ことを実現するために、今後、飛躍的な米粉の需要拡大が必要である。

そのためには、次の3つの方向性に沿って効果的な取り組みを行うことが求められる。

**1）需要拡大に向けた3つの方向**

① 大口需要者の獲得

大幅な需要拡大を図るには、消費者への影響力が強い大手食品メーカーなど大口の需要者の米粉利用が不可欠であるが、これまでの例では、地域や期間など限定的な取り組みが多いのも事実であり、大半の実需者はいまだ様子見の状況とも言える。

現在、米粉は各種支援策により価格が下落傾向にあるものの、小売段階では、小麦粉よりも高く、また、全国的に製法も統一されていないため、大口需要者から米粉を大量に利用してもらうためには、米粉価格の引下げと米粉の規格化を通じた品質の保証が重要となる。

【重要ポイント】
○米粉の低価格化
○米粉の規格化
○米粉の安定的な生産の拡大

② 幅広い需要の開拓

米粉の活用が一過性で終わることなく、広く社会に定着していくためには、幅広い分野・業態での利用が不可欠である。

レストラン・食堂などの外食産業、パン・製菓・製麺などの製造業、スーパーマーケット・コンビニなどの小売業における需要拡大のみならず、新たに給食・弁当業・社員食堂等での利用拡大や、新たな商品開発を進める必要がある。また、魅力的な米

粉製品の生産体制の充実を急ぐことが重要な課題である。

【重要ポイント】
○米粉のメリット（機能性や優位性）、加工技術の情報提供
○経済界・関係業界との協力体制の強化
○汎用性があり、業務で使いやすい米粉商品（プレミックス粉など）の開発
○米粉の機能性を活かした商品開発
○米粉製品の生産体制の充実

③ 家庭での普及

一般家庭においては、米粉は未だ珍しいものであり、家庭で自ら米粉料理をする人はまだまだ少数である。そのため、消費者へ米粉の機能性や食感など「米粉ならでは」のメリットを伝えつつ、米粉を使った調理方法（レシピ）の普及に積極的に取り組むべきである。また、天ぷら用、ケーキ用など用途別のプレミックス粉など、消費者にとって使いやすい魅力的な商品開発が必要である。

【重要ポイント】
○米粉のメリット・調理方法の情報提供
○家庭で使いやすい商品開発（プレミックス粉、米粉製品）

## 2) 具体的な課題

このような方向性に沿って「具体的な課題」を整理すると、次のとおりである。

① 米粉生産力の拡大とスケールメリットを活かしたコスト低減

大手食品メーカーが、米粉の使用を検討するにあたり判断の大きな要件となる米粉価格を小麦粉並みに引き下げるためには、製粉段階における低コスト化が必要であり、米粉生産力の拡大と合わせ、施設の大規模化・集約化などスケールメリットを求めることが有効である。

② 米粉関連企業の生産力強化

米粉の低価格化・品質安定化を図るとともに、魅力ある商品を消費者に提供するためには、多くの製粉メーカーや米粉関連企業などが生産力・技術力の強化に取り組む必要がある。

③ 米粉原料米の安定生産・供給

米粉価格を引き下げるためには、その前提として、米粉用原料米が安定的に生産・

供給される必要があり、米粉用原料米の生産者への支援の充実などを検討すべきである。

④　米粉の規格化の推進

実需者が大ロットで米粉を使用する場合、製粉方法が一定の規格に合っていることが保証されなければ、安定した需要は生まれない。異なる製粉メーカーからの調達であっても安定した品質が維持できるよう、速やかに新潟県独自の「米粉の規格化」を実施し、将来的には全国基準の確立を目指す必要がある。

⑤　大手食品メーカーによる商品開発

大手食品メーカーによる米粉商品の開発は、消費者へ米粉の魅力を強く訴求できるとともに飛躍的な需要創出が期待できるため、全国的メーカーへの県産米粉利用の積極的な働きかけが必要である。

⑥　業務用・家庭用プレミックス粉の開発

小麦粉商品が定着した大きな要因に、小麦粉を主な構成原材料とするプレミックス粉の普及が挙げられる。今後、業務や家庭での米粉の大幅な需要拡大を図るため、多様な米粉食品や料理を経済的かつ簡便に作ることを可能とする「米粉プレミックス粉」（米粉パン用ミックス粉、ホットケーキ・お好み焼用ミックス粉等）の開発が必要である。

⑦　小麦アレルギー対応商品などの新商品開発

今後、米粉ならではの機能を活かした用途や商品開発が必要であり、特に、小麦アレルギーを持つ消費者に対する商品開発などを進めるべきである。

⑧　米粉製品の生産体制の充実

幅広い米粉の利用を実施するため、業務用・家庭用の米粉プレミックス粉や米粉製品（米粉パスタ、米粉めん、米粉スイーツ、米粉パン粉等）について、県内における生産体制の大幅な拡大を目指すことが必要である。

⑨　さまざまな分野での米粉利用の働きかけ

米粉を広く普及するためには、特定分野での利用だけでは需要量に限界が生じる。レストランや宿泊業界における米粉の利用を促進するとともに、給食や社員食堂、弁

当業における利用など、多様な分野での活用を働きかけるべきである。

⑩　米粉の情報発信強化
　一般家庭まで米粉利用を浸透させるため、米粉の特徴やメリット、加工方法や調理方法、米粉製品取扱店など、各種情報をさまざまな機会・媒体を通じて強力に情報発信すべきである。

### (4) 今後の米粉政策の具体的方向
#### 1) 安定的な生産体制の整備

これまで、米粉原料米の生産と米粉の需要について、県内での調整を図りながら取り組んできたが、米粉をさらに普及拡大していくためには、低価格で安定的に供給していく必要がある。このため、米粉原料米の生産から製粉・米粉製品製造に至る生産・供給体制について強化を図っていくことが必要である。

①　米粉プラントの集積
　米粉の低コスト化には、大規模施設の整備が効果的であり、それを東港などの物流エリアに集積することができれば新潟を米粉の一大拠点とすることが可能となる。「米粉プラント集積構想」の実現に向け、関係企業等との連携を強化するとともに、必要となる取り組みを行う。

②　米粉製品生産体制の強化
　県内において、新潟県産米粉を使用したプレミックス粉や米粉製品の生産を拡大する企業に対し、支援を行う。また、プレミックス粉、小麦アレルギー対策その他幅広い米粉製品の開発に向けて必要な支援措置を講ずることにより、企業の取り組み意欲を喚起する。
《具体的取り組み》
・米粉製品生産拡大のために設備投資を行う企業に対する強力な支援
・プレミックス粉の開発・小麦アレルギー対策等米粉商品の開発に対する支援

③　県内米粉関連メーカーとの連携
　県内製粉企業にとって、米粉原料米の調達は種前契約が前提となっているが、需要予測が非常に困難であり、原料米不足の場合には、販売先に対しての信用問題、また、原料過剰の場合には、保管費用等の新たな負担が生じることとなる。「新潟県産米粉」

のトータルとしての信用力向上のため、米粉原料米の生産者と県内米粉メーカーの需給を調整し、結果的に、県内米粉メーカー間の米粉原料米の調整を図る機能を構築する。

《具体的取り組み》
・需給調整会議等を通じた県内米粉メーカー間の原料米の調整
・食関連商談会への米粉関連企業の共同出展による県産米粉の一体的 PR

④ 安定的・効率的な農業経営の構築

米粉用米の生産拡大を図るためには、小麦並みの安定供給が必要であることから、原料となる米粉用米生産への支援の充実を検討するとともに、低コスト生産の導入などを促進していく必要がある。

a. 米粉用米生産者への支援

実需者が利用しやすい価格帯で米粉用米を供給した場合であっても、主食用米と遜色ない所得が確保されるようにすることが必要である。現在、米粉用米への戸別所得補償モデル対策による支援（10a 当たり 8 万円の助成）を行ったとしても、その所得は主食用米とは大きな乖離があり、農業経営の安定化に向け、米粉用米への支援を充実できるよう方策を検討する。

b. 原料米品種

新潟県産コシヒカリは日本一の美味しさを誇る米であり、米粉についても、実需からの要望は強い。このため、米粉の生産拡大に際しても、コシヒカリをはじめ、新潟県産米のブランド力を活かした主食用品種の活用を進めることは重要である。一方、米粉ユーザーの需要に応じ、米粉としての用途適性（表1）や価格を意識し、高低アミロース品種の導入拡大や、多収性品種の活用・導入を戦略的に進めていくことが必要であり、今後の需要動向を見ながら、これら2つの方向性に沿って、米粉用米の生産拡大を図る。

表1 米粉用米のアミロース含量による用途適性

|  | 低アミロース (5～15%) | 中アミロース (17～20%) | 高アミロース (25～35%) |
| --- | --- | --- | --- |
| パン | 形が変形しやすく不適 | 適する | 表面が硬くなりやすく不適 |
| 麺 | 麺がほぐれにくく不適 | 麺がほぐれにくく不適 | 麺がほぐれやすく適する |

※新潟県農業総合研究所食品研究センター

c. 低コスト生産技術の導入

低コスト生産技術について、現地実証等を踏まえながら導入を図る。

d. 安全・安心な取り組みと情報伝達

主食用米の安全・安心な生産と同様に、エコファーマー、減農薬・減化学肥料などに取り組み、安全・安心な栽培などの情報を伝達する仕組みを進めていくとともに、生産以降の各段階（集荷・保管・精米・運搬・製粉）においても、品質管理等を進めていく。また、平成23年7月から米トレーサビリティ法（米穀等の取引等に係る情報の記録及び産地情報の伝達に関する法律）により、米粉の産地情報の一般消費者までの伝達が義務付けられるが、これは新潟にとって業務用・家庭用米粉の販売拡大のチャンスである。さらに、パンや麺などの米粉製品においても、米粉が県内産地から製粉企業、加工企業まで確実に流通する仕組みを強化することにより、積極的に産地に関する情報発信を行い、ブランド力強化や安全・安心の確保に努めていくことが有効である。

《具体的取り組み》
・生産者に対する農業者戸別所得補償制度（国）及び新たな制度構築による所得の確保
・用途に適した米粉用米品種の選定及び生産技術の研究と普及

2) 米粉の需要拡大

米粉の大幅な需要拡大のためには、大手メーカーをはじめとした食品メーカーによる加工食品の取り組みの促進とともに、給食や社員食堂、弁当など新たな分野や家庭料理での利用など、多様な分野での普及が求められることから、以下の取り組みを推進する。

① 大手食品メーカーによる米粉製品の開発・販売拡大の促進

全国的に事業を展開する大手食品メーカーによる県産米粉の商品化は、米粉の飛躍的な需要拡大を図るために不可欠な課題である。そのため、県、産地、県内製粉メーカー等が連携した大手食品メーカーへのセールス活動を強力に推進し、県産米粉の利用を働きかけるとともに、商品化後の販路開拓について、大手食品メーカーと県などが一体となって推進していく。

≪具体的取り組み≫
・米粉の大口需要が期待される企業への個別セールス
・県外の大口需要者を対象とした、首都圏会場または県内招へいでの県産米粉のプレゼンテーション

② 米粉の規格化

　米粉については、大規模なプラントが形成されている小麦粉と比べ、地域に存在する小規模な事業者が製粉に携わっている例が大半である。また、製粉方式が、気流式粉砕・ロール式粉砕・胴搗式粉砕などさまざま存在する中で、各地の製粉メーカーは、さまざまな品種の原料米を各々異なる製粉技術で、かつ、独自の品質管理のもと米粉を製造しているのが現状である。このため、単に「米粉」と言っても、品質面では千差万別であり、実需者においては、自らの使用目的にあった米粉であるかどうか研究や試作を重ねる必要があり、また、使用する米粉が異なると、同じ加工や調理方法でも製品の品質が異なってしまう可能性もあり、「米粉は使いにくい」という声の大きな要因となっている。一方、小麦粉の場合は、用途別に種類、品質が区分されており、その規格は、「タンパク含量」、「粒度」、「灰分」により決定されている（表2）。今後、米粉の多様な分野での大幅な利用拡大やプレミックス粉の開発を推進するためには、小麦粉と同様、用途別の規格を確立し、ユーザーに対して米粉の品質を保証する体制を構築することが必要である。このため、食品研究センターが、「アミロース含量」、「粒度」、「でんぷん損傷率」、「嵩密度（吸水率）」など米粉の品質の決定要因と想定される項目について調査・研究を行うとともに、大学、試験研究機関、米粉関係団体、製粉・食品メーカー、料理研究家などの関係者の協力を得て、平成23年度中に新潟県独自の「米粉の規格化」を実施することが必要である。なお、米粉の規格化は今回、初めての試みであることを勘案すれば、関係者の意見等を聞きながら規格の内容について必要な見直しを行うことをあらかじめ想定しておくことが適当である。また、米粉の規格については、できるだけ早く全国基準の確立を目指すことが必要である。

　《具体的取り組み》

　　平成23年度中に新潟県独自の「米粉の規格化」を実施するため、次の取り組みを行う。

　・米粉の品質の決定要因に関する食品研究センターでの調査・研究
　・大学、試験研究機関、米粉関連団体、製粉メーカー、食品メーカー、料理研究家等、米粉に関し知見を有する者で構成する規格検討委員会の開催
　・規格検討員会で検討した規格の関係企業による実践・推進

③　業務用・家庭用プレミックス粉の開発支援

　プレミックス粉とは、ケーキ、パン、惣菜などを、簡便に調理できる調整粉で小麦粉等の粉類（澱粉を含む）に糖類、油脂、脱脂粉乳、卵粉、膨張剤、食塩、香料などを必要に応じて適正に配合したものをいう。プレミックス粉のメリットは、使用者が、

表2 （参考）小麦粉の種類・等級と品質・主な用途

| タンパク含量 | 粒度 | 等級 | | | 末粉 |
| --- | --- | --- | --- | --- | --- |
| | | 1等（灰分0.3～0.4％） | 2等（0.5％） | 3等（1％） | |
| 強力粉 11.5～13.0％ | 粗 | パン | パン | グルテン | 合板 飼料 |
| 準強力粉 10.5～12.5％ | 粗 | パン、中華麺 | パン | グルテン | |
| 中力粉 7.5～10.5％ | やや細 | ゆで麺、菓子、乾麺 | 菓子 | | |
| 薄力粉 6.5～9.0％ | 細 | 菓子 | 菓子 | | |

※（財）製粉振興会の資料を改編

高品質で品質の均一性を担保した製品を、経済的かつ便利に製造することが可能となることにある。現在、小麦粉を使用したプレミックス粉は、用途によりさまざまな製品が用意されており（表3）、かつ、年間生産量も毎年増加傾向にあり、大きなマーケットを形成している（表4）。業務用・家庭用として広く普及しているプレミックス粉の分野に、米粉を使用したプレミックス粉が加わることにより、使用者が手軽に米粉を使用する環境が整備され、米粉の大幅な需要拡大が実現可能となる。このため、米粉を使用したプレミックス粉について開発・商品化を促進し、前述の生産体制の整備につなげる。

《具体的取り組み》
- 県内実需者（パン、洋菓子、外食産業等）を対象とした米粉プレミックス粉のニーズ調査
- 企業が取り組む業務用・家庭用プレミックス粉開発に対する支援
- プレミックス粉新商品の業界、メディア向け商品発表会の開催

④ 新たな米粉利用創出に向けた研究開発

米粉の需要拡大のためには、新たな利用用途を創出することにより、市場の活性化と企業参入を加速化させることが求められるが、そのためには、企業等のニーズを踏まえながら、県が主体となって基礎研究を行い、その成果を企業等へ還元していくことが必要である。このため、米粉の新たな用途開拓の基礎となる調査・研究を、県と大学、製粉企業、食品加工メーカー等が共同し、推進する。

《具体的取り組み》
- 農業総合研究所食品研究センターが主体となって行う、米粉の製粉・加工技術

表3　小麦粉を使用したプレミックス粉の用途と製品のタイプ

| 用途 | 製品のタイプ | 製品名 |
|---|---|---|
| パン類ミックス | イースト発酵により製品を膨らませるもの | イーストドーナツミックス、菓子パンミックス、スイートロールミックス、ペストリーミックス、バラエティーブレンドミックスなど |
| ケーキ類ミックス | 化学膨張剤（ベーキングパウダー）により膨らませるもの | ホットケーキミックス、パンケーキミックス、ケーキドーナツミックス、ケーキマフィンミックス、パウンドケーキミックス、蒸しパンミックスなど |
| | 卵の起泡力により膨らませるもの | スポンジケーキミックス、エンゼルフードケーキミックスなど |
| | 膨張させないもの | パイクラストミックスなど |
| 調理用ミックス | バッターにして使用するもの | お好み焼きミックス、たこ焼きミックス、他各種バッターミックス類 |
| | 衣として使用するもの | 唐揚げ粉、他各種ブレッディングミックス類、天ぷら粉 |
| | 生地として使用するもの | ピザミックス、餃子ミックスなど |

表4　小麦粉を使用したプレミックス粉の国内・年間生産量（単位：トン）

| | H元 | H6 | H11 | H16 | H21 |
|---|---|---|---|---|---|
| 業務用 | 169,923 | 218,969 | 273,711 | 287,744 | 283,706 |
| 家庭用 | 58,656 | 68,530 | 67,512 | 77,171 | 83,133 |
| 合計 | 228,579 | 287,499 | 341,223 | 364,915 | 366,839 |

※表3、4：日本プレミックス協会HPより抜粋、改編

の研究と企業への技術移転

⑤　小麦アレルギーに対応した利用拡大

　米粉ならではの機能性を活かした商品開発は、米粉需要拡大には有効である。特に、国内に約20万人と言われている小麦アレルギーを持つ消費者に対しては、小麦粉代替としての米粉の利用が期待される。このため、小麦アレルギーを持つ消費者に対する商品開発・普及を関係団体、関係企業と推進するとともに、栄養士など食に関する専門家と連携し、家庭や学校給食における小麦アレルギー対策としての調理方法の普及を図る。なお、小麦アレルギー対応の米粉及び米粉製品については、製造ラインを小麦粉製品と別にするなど、米粉と小麦粉の混入を防止するための配慮を行うことが必要である。

　《具体的取り組み》
　　・医療関係者、患者家族会、商品開発企業等に対するニーズや米粉活用可能性に関する調査

　　　　・企業が取り組む小麦アレルギー対策商品開発に対する補助
　　　　・食に関する専門家と連携した小麦アレルギー対策レシピの開発と普及


⑥　さまざまな分野での米粉利用拡大のPR
　米粉の大幅な利用拡大を図るためには、幅広い関係者による利用の促進が不可欠である。そのためには、レストランや宿泊業界はもとより、給食や社員食堂、弁当など、さまざまな分野・業界において米粉の利用拡大を図る必要がある。米粉の利用拡大に向けた関係者の協力を得るためには、まず経済界に対し、米粉利用拡大の意義を理解していただいたうえで、関係業界における利用促進や社員食堂等における米粉の導入について協力を求めていく必要がある。また、小麦粉よりも油の吸収率が低く、健康的である一方、栄養価が高い米粉の特長を業界の関係者や調理技術者等に周知し、さらに、米粉の調理法・利用法等について研修会等を実施するなど、きめ細かな対策を実施する必要がある。このため、調理専門学校やシェフ・パティシエ等の協力も得つつ、関係者に対する情報提供や技術講習などの強化を図る。また、コンビニエンスストア等と連携した米粉料理コンテストを開催し、優秀作品の商品化を図るなどの取り組みを行う。

　　《具体的取り組み》
　　　　・各業界組合等への米粉利用の働きかけ
　　　　・経済団体への社員食堂での米粉利用の働きかけ
　　　　・調理師や栄養士等に対する米粉利用を働きかける調理講習会の開催
　　　　・製菓、製パン店の技術力向上を目的とした講習会の開催
　　　　・学校給食委託工場や学校給食従事者を対象とした技術指導
　　　　・米粉料理コンテストの開催と優秀作品のコンビニ等での商品化


⑦　家庭での米粉利用に向けた普及啓発
　近年、ようやく家庭用の小袋の米粉が小売店に並びはじめてきたが、調理方法がわからない等の理由により、「米粉を使用した家庭料理を作ったことがある」家庭は約11％にすぎない（社団法人米穀安定供給確保支援機構によるアンケート調査（H22.2））。一方、この調査では、レシピなどがあれば作ってみたいとの回答が約65％に上っており、潜在的な需要はかなり大きいことが期待できる。このため、調理師、栄養士、食生活改善推進員、調理専門学校など「食の専門家」との連携を強化し、レシピ開発や研修会の開催を通じて、米粉普及に取り組む。また、一流シェフ・パティシエ等によるアドバイザリーグループ「新潟米粉応援団（仮称）」を形成し、県産米粉や米粉

料理の魅力を情報発信する仕組みづくりに取り組む。

《具体的取り組み》
・家庭での米粉料理の定着を図るための、食の専門家と連携して行う調理技術講習会や米粉料理レシピの開発
・著名なシェフ、パティシエへの県産米粉のサンプル提供とメニュー開発の提案

⑧ 食育を通じた普及

さまざまな経験を通じて「食」に関する知識と「食」を選択する力を持ち、健全な食生活ができる人間を育てる「食育」の推進は、わが国にとって重要な課題である。子どもたちが豊かな人間性をはぐくみ、生きる力を身につけるためには、幼い頃から食育を通じて健全な心と身体を培うことのできる環境づくりが必要である。現在、県内の学校給食では、米飯給食を主体としながら、米粉パン・米粉麺の導入も進んでいるが（表5）、家庭や学校で、日本人は米を主体とした食生活を送ってきたこと、米は国内で完全に自給可能な作物であることなど、わが国の食文化や食料自給率の問題について伝え、米飯以外の主食として米粉食品を食べることの重要性を子どもたちに理解してもらうことが大切である。また、幼児期から米粉に慣れ親しんだ世代が自らが購買者となった際に、米粉商品を自然と選択することも期待される。このため、学校などと連携し、引き続き、子供たちが米粉に慣れ親しんでもらう環境を構築するとともに、学校給食での米粉パン、米粉麺の導入拡大を図る。さらに、大人世代に対しても、米粉普及の必要性に関する理解を深めつつ、米粉の家庭における利用や、米粉食品の利用の拡大などを図るため、必要な社会教育を進めていく必要がある。

《具体的取り組み》
・教育機関等と連携した保護者への普及啓発
・学校給食への、米粉パンや米粉麺の導入による米粉に親しむ環境づくり
・学校給食での、米粉パンや米粉麺提供と連動した食育の実施

⑨ 広報・宣伝・イベント等の充実強化

新しい食材として消費者に受け入れられるよう訴求力を高めていくためには、小麦粉と比べて油の吸収率が低いといった健康面でのメリットなど、米粉の特徴を具体的にわかりやすく伝えることが必要である。そのため、県広報誌の積極的活用、県ホームページ「米粉のお部屋」の充実強化を図る。また、イベント等での調理実演、表参道・新潟館ネスパスや新潟ふるさと村の情報発信基地としての機能を活用したPR活動、スーパーマーケットなどとタイアップした料理教室の開催等により、県産米粉の

表5 学校給食での米粉パン・米粉麺の導入状況

|  | 米粉パン | 米粉麺 | 備　考 |
| --- | --- | --- | --- |
| 学校数 | 752 | 752 | 完全米飯実施市町村を除く、給食実施小・中・特別支援学校 |
| 導入学校数 | 655 | 501 | 年間1回以上の導入校 |
| 導入割合 | 87.1% | 66.6% |  |

資料：平成22年度市町村実施計画の県調査

優位性や普及に関する情報発信を強化する。さらに、「R10プロジェクト」応援企業数の増加に取り組むとともに、県と応援企業が連携した活動を通じ、新潟産米粉の情報発信を強化する。

《具体的取り組み》
- 県の広報誌での定期的な米粉情報の発信
- 国や米粉関連団体等のHPとの相互リンクによる県ホームページの充実
- 首都圏や県内の外食産業とタイアップした米粉メニューフェアの開催
- 米粉料理を含む県内各地のソウルフード＆B級グルメを集めた「新潟県ご当地グルメ選手権（仮称）」の開催
- 新潟ふるさと村における米粉を使用したランチ、スイーツの提供と新商品の試験販売
- 表参道・新潟館ネスパス等での米粉イベントの実施
- 米粉商品を取り扱うスーパーマーケットと連携した調理講習会の開催

（新潟県農林水産部　食品・流通課）

第11章　米粉普及に向けた新潟県の取り組み

## R10プロジェクトのイメージ

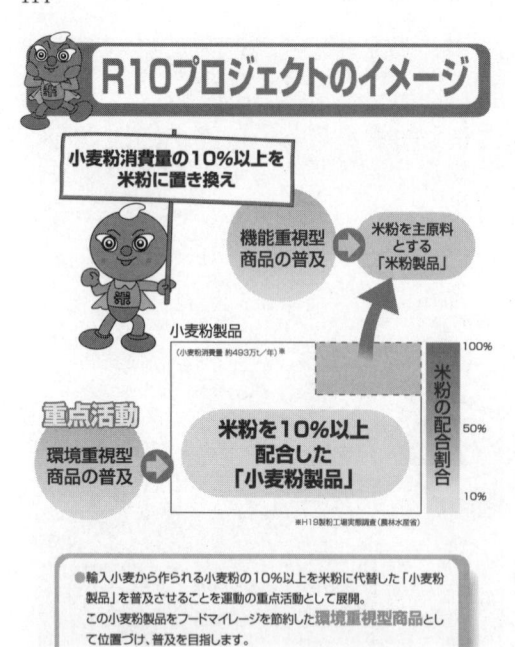

**小麦粉消費量の10%以上を米粉に置き換え**

- 機能重視型商品の普及 → 米粉を主原料とする「米粉製品」
- 重点活動：環境重視型商品の普及 → 米粉を10%以上配合した「小麦粉製品」

（小麦粉消費量 約493万t/年）
※H19製粉工業実態調査（農林水産省）

米粉の配合割合：10%, 50%, 100%

- 輸入小麦から作られる小麦粉の10%以上を米粉に代替した「小麦粉製品」を普及させることを運動の重点活動として展開。
- この小麦粉製品をフードマイレージを節減した環境重視型商品として位置づけ、普及を目指します。
- 栄養特性や米粉自体の食味を生かした、米粉を主原料とする「米粉製品」を機能重視型商品として位置づけ、普及を目指します。
- 全体として小麦粉消費量の10%以上を米粉に置き換える「R10プロジェクト」の拡大により、食料自給率の向上を目指します。

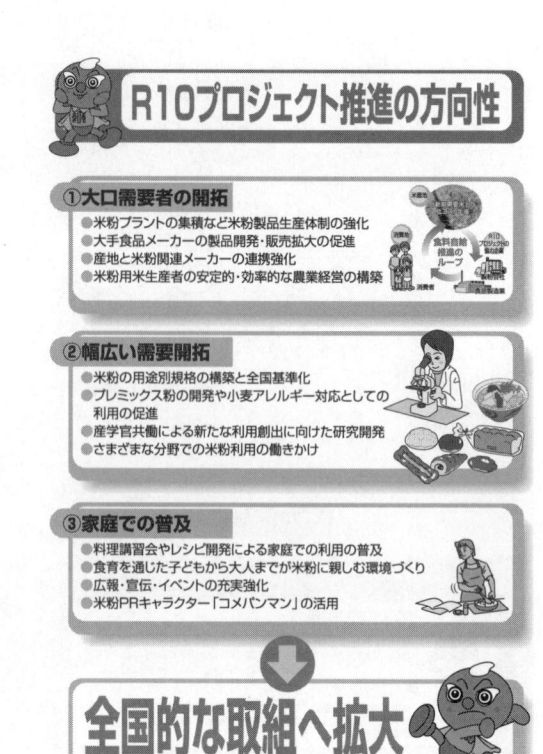

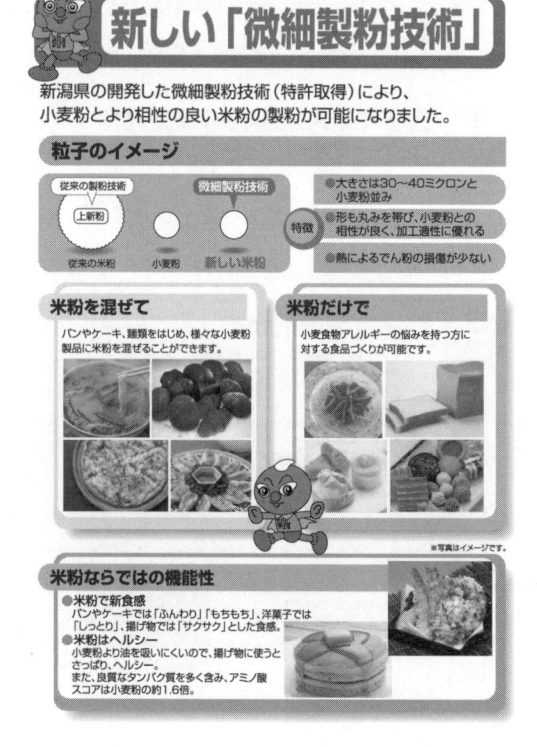

## R10プロジェクト推進の方向性

### ①大口需要者の開拓
- 米粉プラントの集積など米粉製品生産体制の強化
- 大手食品メーカーの製品開発・販売拡大の促進
- 産地と米粉関連メーカーの連携強化
- 米粉用米生産者の安定的・効率的な農業経営の構築

### ②幅広い需要開拓
- 米粉の用途別規格の構築と全国基準化
- プレミックス粉の開発や小麦アレルギー対応としての利用の促進
- 産学官共働による新たな利用創出に向けた研究開発
- さまざまな分野での米粉利用の働きかけ

### ③家庭での普及
- 料理講習会やレシピ開発による家庭での利用の普及
- 食育を通じた子どもから大人までが米粉に親しむ環境づくり
- 広報・宣伝・イベントの充実強化
- 米粉PRキャラクター「コメパンマン」の活用

↓ **全国的な取組へ拡大**

## R10プロジェクトにより期待される効果

### 効果① 食料自給率の向上
- 自給率の高い米（95%）の有効活用
- → 食料自給率50%への貢献
- **2ポイント寄与**

### 効果② $CO_2$排出量削減への貢献
- 小麦粉約50万t（輸入小麦に換算すると約65万t）を削減し米粉に代替
- → 輸入小麦輸送時にかかる$CO_2$排出量174万tの12%の20.9万tを削減
- **富士箱根伊豆国立公園が1年間に吸収する$CO_2$量に相当**

※富士箱根伊豆2公園面積 121,714ha
天然林の$CO_2$吸収係数を1.5t-$CO_2$/ha/年（林野庁資料より概算値として試算）

### 効果③ 耕作放棄地の解消
- 米粉約50万t（玄米に換算すると約55万t）の生産
- → 10万ha相当の耕地面積が必要
- **東京23区の約1.6倍**

東京23区の面積 約6.27万ha

## 新しい「微細製粉技術」

新潟県の開発した微細製粉技術（特許取得）により、小麦粉とより相性の良い米粉の製粉が可能になりました。

### 粒子のイメージ
従来の製粉技術（上新粉）／微細製粉技術
従来の米粉／小麦粉／新しい米粉

**特徴**
- 大きさは30～40ミクロンと小麦粉並み
- 形も丸みを帯び、小麦粉との相性が良く、加工適性に優れる
- 熱によるでん粉の損傷が少ない

### 米粉を混ぜて
パンやケーキ、麺類をはじめ、様々な小麦粉製品に米粉を混ぜることができます。

### 米粉だけで
小麦食物アレルギーの悩みを持つ方に対する食品づくりが可能です。

※写真はイメージです。

### 米粉ならではの機能性
- **米粉で新食感**
  パンやケーキでは「ふんわり」「もちもち」、洋菓子では「しっとり」、揚げ物では「サクサク」とした食感。
- **米粉はヘルシー**
  小麦粉より油を吸いにくいので、揚げ物に使うとさっぱり、ヘルシー。
  また、良質なタンパク質を多く含み、アミノ酸スコアは小麦粉の約1.6倍。

# 資料　新潟県の米粉用途別推奨指標の策定について

　わが国の食料自給率は約40％と、先進国中で最低であるが、世界の人口の増加や1人当たりの耕地面積の減少などにより、長期的には食料需給の逼迫が予想されている。そのため農林水産省を中心に、食料自給率の向上を目指して、米の新規需要の開拓や輸入小麦粉用途への国産米の利用拡大が進められており、新潟県においても「R10プロジェクト」が推進されている。新潟県では、「うまさぎっしり新潟『食のプロデュース会議』」の米粉分科会において、2011（平成23）年2月、以下の提言が行われた。

　「米粉については、さまざまな製粉方法があり、各地の製粉企業は、多様な品種の原料米を各々異なる製粉技術で、かつ、独自の品質管理のもとで米粉を製造している。「米粉」と言っても、品質面では千差万別であり、実需者は、目的にあった米粉かどうかの研究や試作の必要があり、また、同じ加工や調理方法でも、原料米粉の種類によって製品の品質が異なってしまう可能性もあり、「米粉は使いにくい」要因となっている。今後、米粉の利用拡大やプレミックス粉の開発を推進するためには、小麦粉と同様、用途別の規格を確立し、ユーザーに対して米粉の品質を保証する体制を構築することが必要である。」

　この提言を受けて、新潟県では、農水省とも連絡を取りながら、2011（平成23）年6月17日に、大学、試験研究機関、米粉関係団体、製粉・食品メーカー、料理研究家などの関係者からなる委員会を立ち上げ、「用途ごとの基準（規格）を作成し、安定した製品作りを可能にするとともに、家庭への普及も促進し、米粉の消費拡大に貢献する」ことを目的として「米粉の規格化」に向けて検討を開始した。事務局は、新潟県農林水産部食品・流通課および新潟県農業総合研究所食品研究センターが担当した。

　委員会では、「規格」は厳格すぎるので「分類」や「めやす」などの呼称はどうか、といった意見が出され、最終的に、米粉の「用途別推奨指標」とすることになった。対象とする米粉はいわゆる新規用途の米粉とし、対象とする用途・品目としては、当面は小麦粉需要の80％を占めるパン（食パン）、洋菓子（ケーキ）および米麺とし、その他の用途については今後の検討課題とされた。推奨指標の項目としては、主に外観品質に影響する粒度、作業性に影響するデンプン損傷度、物性に影響するアミロース含量などを中心に、水分含量、タンパク質含量、おいしさの指標、ロット安定性などが検討され、あわせて市販米粉の調査が行われた。市販米粉の調査および委員会における検討の結果、粒度は「粒径

75μm以下の比率が概ね80％以上とする」とされ、デンプン損傷度は「総じて低い程望ましく概ね12％以下（米粉配合割合の高い場合は概ね6％以下）」とし、水分含量は、農産物検査規格のとおり「15％以下」とされ、指標設定の根拠とした米粉の分析法、製品の製造条件も明示された。

　これまでの米粉加工に関する技術蓄積の多い新潟県の資料を基に、幅広い分野の専門家が集まって検討を加えた結果、製造者、消費者の概ね納得できる指標が示され、メーカーとユーザーのコミュニケーション基盤となる指標が示されたと考えられる。今後の消費動向や社会状況に変化があれば指標の見直しも行われるであろうし、今回対象外となった用途についても、今後、研究がなされるものと予想される。全国で初めてこうした新規用途米粉の指標が策定されたことは、第一歩として意義深く、今後、全国へ波及していくことが期待される。また、指標のブラッシュアップや県内企業への導入推進、県内外の実需者への普及・啓発、消費者へのわかりやすい周知などによって、この委員会の目的である米粉および米粉製品の品質向上と米粉の利用拡大が推進されることが期待される。

（大坪　研一）

<新規用途米粉の用途別推奨指標>

平成 24 年 2 月
新潟県　農林水産部

# 目　的

○米粉は、和菓子などの原料としてわが国になじみ深い食材であるが、近年、製粉技術の進歩を背景に、パン・洋菓子・麺などでの小麦粉と同様の利用を目的とした新たな品質の米粉（新規用途米粉）が誕生し、需要が飛躍的に拡大してきている。しかし、この新規用途米粉の歴史は浅いため、どのような品質の米粉がどの用途に適するか、米粉の関係者間でも明確となっていない部分が多い。

○一方、米粉と同じく穀物を製粉して利用する小麦粉は、これまで長期間、世界で利用されてきた実績から、さまざまな知見が蓄積され、実用的に、その種類と主な用途が示されている。

○新規用途米粉の需要を一過性のもので終わらせず、さらに拡大していくためには、需要の高まりが見え始めた今こそ、用途別に適する米粉の指標を示すことで、米粉を使った商品の品質の向上を目指すとともに、米粉の質の向上・米粉ユーザーの利便性の向上を図り、米粉の食文化を定着させていくことが重要である。

○このため、今般、新潟県では、小麦粉の需要の約 8 割を占めるパン、洋菓子、麺の 3 用途について、現時点で新潟県が有する知見と外部有識者の意見を踏まえ、製粉企業とユーザーのコミュニケーション基盤となる「米粉の用途別推奨指標」を示すこととした。

○本指標は、米粉関係者の事業活動を規制することを目的とするものではなく、指標に適合する米粉が広く流通し、かつ、これらの米粉を用いた品質の高い米粉製品が次々と誕生する状況を導くことを目指すものである。

## 推奨指標の対象とする米粉

指標の対象とする米粉は、「うるち米」を原料にした「生粉製品」で、パン、めん、ケーキなどいわゆる「新規用途」に使う米粉とする。

| 区分（※） | 原材料 | 種類 | 主な用途 | |
|---|---|---|---|---|
| 生粉製品（ベーター型） | うるち米 | 新規用途米粉 | パン、めん、ケーキ、その他 | → 指標化の対象 |
| | | 上新粉（上用粉） | 団子、すあま、柏餅、草餅、ういろう等 | 従来の米粉 |
| | もち米 | 白玉粉 | 餅団子、しるこ、求肥、大福餅 | |
| | | もち粉（求肥粉） | 餅団子、しるこ、求肥、大福餅 | |
| 糊化製品（アルファー型） | うるち米 | みじん粉 | 和菓子 | ↓ 指標化の対象外 |
| | | 上南粉 | 和菓子 | |
| | | 乳児粉（α化米粉） | 乳児食、重湯 | |
| | もち米 | 寒梅粉（焼きみじん粉） | 押菓子、豆菓子、製菓用、糊用、重湯用 | |
| | | らくがん粉（春雪粉） | らくがん | |
| | | その他 | 和菓子、桜餅、おはぎ餅、玉あられ、おこし等 | |

（資料：農林水産省「米穀粉の種類と用途」を一部改編）
※生粉製品：米を生のまま粉にする製法
　糊化製品：熱を加えて米の質を変化させた後、粉にする製法

### 用途別推奨指標を検討する品目

■ 食糧用小麦の約9割を輸入に依存している状況で新規用途米粉の需要拡大を図るためには、まずは小麦粉と同様の利用が有効。

■ 小麦粉全体の需要の約8割を占める、①パン、②洋菓子、③麺について、米粉の用途別指標を定める。

**食糧用小麦の用途別需要量**（平成19年度推計、単位：万トン）

| 用途 | パン | 菓子 | 麺 | 家庭用 | 味噌・醤油 | 合計 |
|---|---|---|---|---|---|---|
| 需要量 | 156 | 76 | 183 | 114 | 16 | 545 |
| 割合（%） | 29 | 14 | 33 | 21 | 3 | 100 |

（農林水産省「米粉利用の推進について」改変）

### 新規用途米粉の用途別推奨指標

小麦粉用途（パン、ケーキ、麺）に適する新規用途米粉の指標は以下のとおり。

#### 共通指標

○粒度　　　：粒径75μm以下の比率が概ね80%以上
○澱粉損傷度：米粉製品の品質に大きく影響するため総じて低いほど望ましく、概ね12%以下
　　　　　　（米粉の配合割合の高い製品を製造するためには、概ね6%以下が望ましい）
○水分含有率：15%以下（米の農産物検査規格に準ずる）

#### アミロース含有率による指標

| 区分 | アミロース含有率 | 用途 |
|---|---|---|
| 硬質米粉 | 25%以上 | ケーキ（ブランデーケーキなどシロップ等に浸しても形状保持が必要なもの）<br>麺（スープ・つゆに入れて提供するもの） |
| 中質米粉 | 15%以上25%未満 | パン<br>ケーキ（スポンジケーキ、ロールケーキなど）<br>麺（つけ麺などスープ・つゆと別に提供するもの） |
| 軟質米粉 | 15%未満 | ケーキ（シフォンケーキなど食感の軟らかさを重視するもの） |

### 用途別推奨指標の基礎となる米粉の分析法及び米粉製品の製造条件

#### 米粉の分析法

○粒度　　　：ロータップ型ふるい振とう機により、ステンレス製試験用ふるい（JIS Z 8801-1：2006）で米粉50gを30分間振とう
○澱粉損傷度：澱粉損傷度測定キット（Megazyme）による

○アミロース含有率:フリアーノのヨウ素呈色法による

## 米粉製品の製造条件

| 用途 | 原料・配合割合(%) | 製造方法 |
|---|---|---|
| パン | 米粉ミックス　100(米粉85:グルテン15　重量比)<br>圧搾酵母　　　2<br>砂糖　　　　　5<br>食塩　　　　　2<br>ショートニング　5<br>水　　　　　73〜78 | ワンローフ型食パン<br>100%中種方式 |
| ケーキ<br>(スポンジケーキ) | 米粉　　100<br>全卵　　200<br>砂糖　　100<br>無塩バター　15 | 共立法 |
| 麺 | 米粉　　30<br>強力粉　70<br>食塩　　2<br>水　　　40〜45 | ロール製麺方式 |

## 「新規用途米粉の用途別推奨指標」の普及に向けた今後の取り組み

### 1　指標のブラッシュアップ

　本指標は現時点での知見により作成したものであるため、指標の的確さに向けた追跡調査を行うことが適当である。また、パン、洋菓子、麺の3用途について、新たな知見や技術革新などに基づく見直しを実施し、必要に応じて指標の改定を行う。

　さらに、上記3用途以外の利用について新たに研究に取り組み、本指標へ取り込むことについても検討する。

### 2　県内製粉企業への導入促進

　指標の県内製粉企業への率先的導入を促進するため、平成24年度以降、農業総合研究所食品研究センターにおいて、県内製粉企業の依頼に応じて、当該米粉が指標に適合するかどうかを判断できる分析を実施する。

　また、県内製粉企業が指標に適合する米粉を製造する能力を強化するための設備投資について、積極的に支援する。

### 3　県内外の実需者への普及啓発

　全国的な米粉・食品関連団体との連携や業界誌等の活用により、食品業界全体への指標の周知を図る。

### 4 消費者への分かりやすい周知

　県のホームページや広報媒体、パンフレットなどを通じ、米粉メーカーだけでなく、米粉ユーザー及び消費者に対し、指標の目的や内容を、分かりやすくPRする。

付録1

---

**新規用途米粉の用途別推奨指標**
**資　料**

1

---

【パン1】**米粉の粒度と米粉パンの比容積**

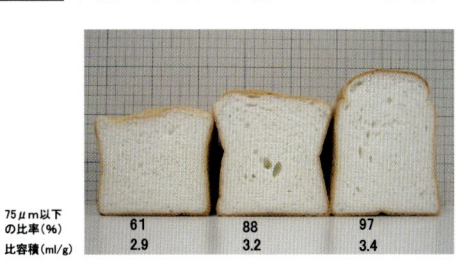

| 75μm以下の比率(%) | 61 | 88 | 97 |
| 比容積(ml/g) | 2.9 | 3.2 | 3.4 |

・75μm以下の米粉の比率が高いほど、米粉パンの比容積は向上する。

2

---

【パン2】**米粉の澱粉損傷度と米粉パンの比容積**

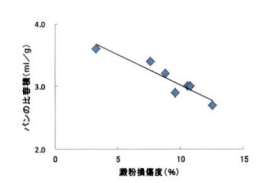

図2　米粉の澱粉損傷度と米粉パンの比容積
(小河ら(2011)より作図)[1]

・米粉パンの比容積は澱粉損傷度と相関が認められ、損傷度が高くなると米粉パンの比容積は低下する。

3

---

【パン3】**米粉のアミロース含有率と米粉パンの比容積**

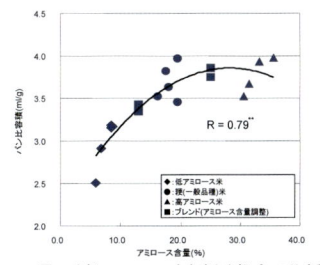

$R = 0.79$**

凡例：低アミロース米、粳(一般品種)米、高アミロース米、ブレンド(アミロース含量調整)

図3　米粉のアミロース含有率と米粉パンの比容積
(高橋ら(2010))[2]

・米粉パンの比容積は、アミロース含有率に大きく影響される。
・好ましい比容積(3.5以上)を確保するには、アミロース含有率が15%以上の米粉が必要である。

4

---

【パン4】**米粉のアミロース含有率と米粉パンの硬さ**

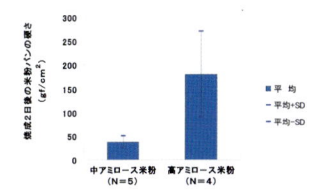

図4　米粉のアミロース含有率と米粉パンの硬さ

中アミロース米粉：コシヒカリ(H17)、コシヒカリ、日本晴(H18)、コシヒカリ、関東227号(H19)
高アミロース米粉：夢十色(H17)、夢十色(H18)、ホシニシキ、北陸207号(越のかおり)

(高橋ら(2010)より作図)[2]

・高アミロース米は、中アミロース米に比べて焼成2日後の米粉パンが硬い。

5

---

【ケーキ1】**米粉の粒度と米粉カステラの膨らみ**

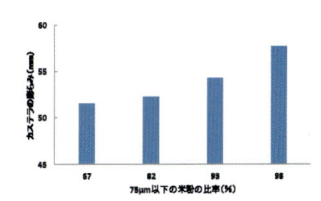

図5　75μm以下の米粉の比率と米粉カステラの膨らみ
(中村ら(1998)より作図)[3]

・75μm以下の米粉の比率が高いほど、米粉カステラの膨らみ(浮き)が大きく、好ましい形状となる。

6

## 【ケーキ2】 米粉の粒度と米粉カステラの官能評価

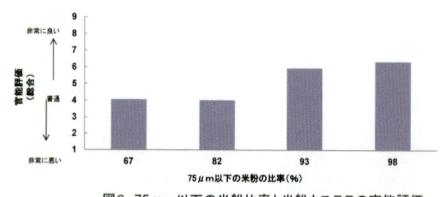

図6 75μm以下の米粉比率と米粉カステラの官能評価
(中村ら(1998)より作図)[3]

- 75μm以下の米粉の比率が高いほど、官能評価(総合)が高い。

## 【ケーキ3】 米粉の澱粉損傷度と米粉スポンジケーキの膨張率

表1 米粉の澱粉損傷度と米粉スポンジケーキの膨張率

| 供試試料 | 粉砕方法 | 米粒水分(%) | 澱粉損傷度(%) | 平均粒径(μm) | 中心部の高さ(mm) | 膨張率[1](%) |
|---|---|---|---|---|---|---|
| <精米(きらら397)> | | | | | | |
| | 水挽き製粉 | 35 | 1.2 | 32.9 | 45.4±0.7 | 87.8 |
| | 粉砕乾燥複合製粉機 送風温度130℃ | 15 | 8.8 | 37.9 | 30.8±0.5 | 59.2 |
| | 粉砕乾燥複合製粉機 送風温度20℃ | 15 | 9.8 | 59.8 | 27.4±1.5 | 53.0 |
| | 粉砕乾燥複合製粉機 送風温度20℃ | 35 | 6.7 | 47.6 | 46.1±0.2 | 89.1 |
| <米粉> | | | | | | |
| 米粉N(市販,パン・菓子用) | 不明 | 不明 | 2.7 | 51.7 | 42.9±1.2 | 83.0 |
| 米粉S(市販,パン・菓子用) | 不明 | 不明 | 3.3 | 61.8 | 34.4±1.5 | 66.5 |
| 小麦粉 | | | | | 51.7±0.4 | 100 |

1) 米粉スポンジケーキを中心で半分にカットし高さを測定した。中心部の高さを比較対照に用いた小麦粉のスポンジケーキの高さで除した値を膨張率とした。

(山本ら(2007)を一部改変)[4]

- 澱粉損傷度が高くなると、スポンジケーキの膨張率は低下する傾向となる。

## 【麺1】 米粉の粒度と製麺作業性及び米粉麺の品質

表2 米粉の粒度と製麺作業性及び米粉麺の品質

| | 製麺作業性 | | 品質 | |
|---|---|---|---|---|
| | 麺帯形成性 | 麺線形成性 | 色調 | 食味 |
| 150μm以上 | －－ | －－ | －－ | －－ |
| 150〜100μm | －－ | －－ | － | － |
| 100〜75μm | － | －－ | － | － |
| 75〜63μm | ± | － | － | ± |
| 63μm以下 | ± | ± | － | － |

－－－:非常に不良、－－:かなり不良、－:不良、±:やや不良
(宍戸ら(1993))を一部改変)[5]

- 米粉の粒度が細かくなるほど製麺作業性、米粉麺の品質は向上する。
- 製麺作業性及び米粉麺の品質から、75μm以下の米粉が米粉麺として適している。

## 【麺2】 米粉の澱粉損傷度と米粉麺の製麺作業性

表3 米粉の澱粉損傷度と米粉麺の製麺作業性

| 製麺作業性 | 澱粉損傷度(%) | | |
|---|---|---|---|
| | 4.0 | 8.8 | 13.6 |
| 麺帯形成性 | ＋ | ＋ | ＋ |
| 麺線形成性 | ＋ | ＋ | － |

－－:かなり不良、－:不良、±:やや不良、＋:良、＋＋:かなり良

澱粉損傷度4.0% 澱粉損傷度8.8% 澱粉損傷度13.6%
図7 切断後の麺線の状態

- 澱粉損傷度が8.8%以下は、製麺作業性に問題はない。
- 澱粉損傷度が13.6%では、製麺作業中にべたつきが多く、麺線切断後も麺線同士の付着が見られる。

## 【麺3】 米粉のアミロース含有率と製麺適性

コシヒカリ　こしのめんじまん
アミロース含量 17.6%　32.3%
写真 ゆで後10分の麺の状態

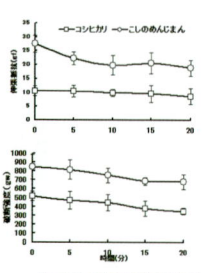

ゆで後の麺の物性変化
(H22年度 新潟県農林水産業研究成果集)[6]

- アミロース含有率が高い品種は、米粉麺の物性変化が少ない。

## 参考文献

- 1) 小河ら:兵庫農技セ研報 (農業) **59**, 19-23(2011)
- 2) 高橋ら:食科工 **56**, 394-402(2009)
- 3) 中村ら:新潟食品研報 **32**, 1-5(1998)
- 4) 山本ら:北海道立食品加工研究センター報告 **7**, 17-20(2007)
- 5) 宍戸ら:新潟食品研報 **28**, 1-5(1993)
- 6) 平成22年度 新潟県農林水産業研究成果集 23-24

付録2

## R10プロジェクトの具体的取組 ③
### 米粉ビジネスの創出 ～米粉スイーツプロジェクト～

統一フォーマットによる店内POP

メディア試食会の様子
～泉田県知事によるトップセールス～

タウン誌でのPR

★★★ 米粉スイーツプロジェクト ★★★
- 2009年9月18日～10月31日
- 県内洋菓子店14社（156店舗）による県産米の米粉を使った秋の米粉スイーツの創作と一斉販売

## R10プロジェクトの具体的取組 ④
### 米粉ビジネスの創出 ～コンビニと産地とのコラボ～

「サークルKサンクス」とのコラボ

「ローソン」とのコラボ
2009年11月からの米粉商品の全国発売に向け、5月に知事、ローソン社員らがJA北越後管内で原料米の田植えを敢行!!

泉田知事も参加しての原料米の田植え

米粉イタリアンフェア参加のレストランと製麺会社、JA豊栄、サークルKサンクスが協働し、2009年6～7月に県内で新商品7点を発売

県産米粉入りパスタ
県産米粉入りフォカッチャ

ファミリーマート / セブンイレブン
新たな新潟産米粉の商品例

県産米粉入りお好み焼き
県産米粉のパン
県産米粉入りツイストロール
県産米粉入りロールケーキ

## R10プロジェクトの具体的取組 ⑤
### 米粉ビジネスの創出 ～大手食品メーカーとの連携～

エースコックの即席袋麺「新麺組」
- 平成22年9月の県内発売以降、計画の2倍以上の売れ行き（一時品薄）
- 年内100万食を達成し、平成23年2月からは1都9県に販路を拡大
- 23年9月19日から、東海・北陸・関西エリアでも販売開始

関東甲信エリア発売発表会（筒井農林水産副大臣、泉田知事出席）

ピザハット
日本ケンタッキー・フライド・チキンプレスリリースから
「約3年前から米粉入り生地の開発に取り組み、安全安心を確保し、品質・量ともに安定して供給いただける新潟コシヒカリにたどりつきました。」

木村屋の米粉パンシリーズ
大阪 五感
マクドナルド
リンガーハット

## R10プロジェクトの具体的取組 ⑥
### 様々な情報発信

◆コメパンマンのキャラクター化

米粉の普及キャラクターとして、アンパンマンの作者である、やなせたかし氏に依頼の上、コメパンマンをキャラクター化し、全国に公開
（着ぐるみ貸し出しやキャラクター使用許諾）

◆各種イベントでの普及啓発

2008東京マラソンで約3万人のランナーに米粉パンを配布するなど各種イベントで米粉をPR

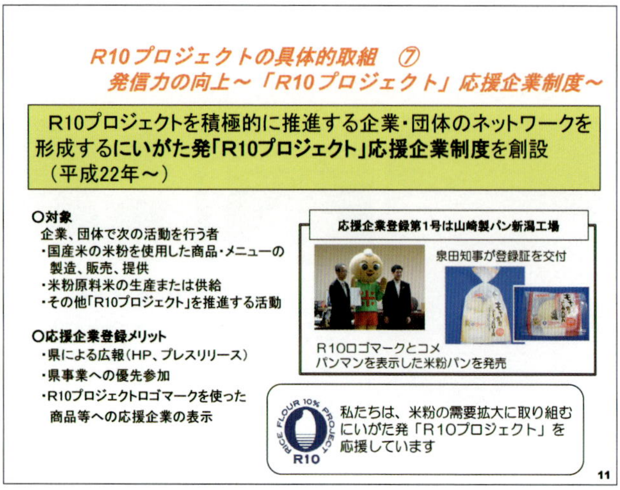

## R10プロジェクトの具体的取組 ⑦
### 発信力の向上～「R10プロジェクト」応援企業制度～

R10プロジェクトを積極的に推進する企業・団体のネットワークを形成するにいがた発「R10プロジェクト」応援企業制度を創設
（平成22年～）

○対象
企業、団体で次の活動を行う者
・国産米の米粉を使用した商品・メニューの製造、販売、提供
・米粉原料米の生産または供給
・その他「R10プロジェクト」を推進する活動

○応援企業登録メリット
・県による広報（HP、プレスリリース）
・県事業への優先参加
・R10プロジェクトロゴマークを使った商品等への応援企業の表示

応援企業登録第1号は山崎製パン新潟工場
泉田知事が登録証を交付
R10ロゴマークとコメパンマンを表示した米粉パンを発売

私たちは、米粉の需要拡大に取り組むにいがた発「R10プロジェクト」を応援しています

## にいがた発「R10プロジェクト」の23年度以降の展開

資料　125

## スライド13

### R10プロジェクト推進の方向性

食のプロデュース会議・米粉分科会報告書（平成23年2月）を踏まえ、次の3つの方向に沿った施策を推進

**1 大口需要者の獲得**
- 大手食品メーカーの製品開発・販売拡大の促進
- 米粉プラントの集積など米粉製品生産体制の強化
- 米粉用米生産者の安定的・効率的な農業経営の構築

　　　　　　　　　　　　　→ 安定的な生産体制の整備

**2 幅広い需要の開拓**
- 米粉の用途別規格の構築と全国基準化
- プレミックスの開発や小麦アレルギー対応としての利用
- 産学官協同による新たな利用創出に向けた研究開発
- さまざまな分野での米粉利用の働きかけ

**3 家庭での普及**
- 料理講習会やレシピ開発による家庭での利用の普及
- 食育を通じた子どもから大人までが米粉に親しむ環境づくり
- 広報・宣伝・イベントの充実強化

## スライド14

### 具体的な取組

「1 安定的な生産体制の整備」、「2 米粉の需要拡大」を車の両輪として推進

**1 安定的な生産体制の整備**

（1）米粉プラント集積など米粉製品生産体制の強化
① 波及効果の高い拠点的施設整備への支援（23年度新規）
- 事業主体　：　民間事業者
- 対象施設　：　米粉1,000トン以上の米粉処理加工施設
- 補助内容　：　国補活用型　→　県単上乗せ(1/10)又はマイナス金利
　　　　　　　　県単独型　　→　県単補助(1/3)又はマイナス金利

② 「米粉プラント集積構想」の実現に向けた関係企業等への働きかけ・連携強化

（2）安定的・効率的な農業経営の構築
① 米粉用米生産者への支援を維持・充実できるよう方策を検討
② 原料米は、「新潟県産米のブランド力を活かした主食用品種」と「高低アミロース品種や多収性品種」の活用・導入を戦略的に推進
③ 低コスト生産技術の導入
④ 主食用米と同様、安全・安心な取組とその情報伝達

## スライド15

### （参考）米粉プラント集積に向けた企業ニーズ

- 事業者アンケート：234社対象、有効回答46社（全国の製粉、加工事業者等）
- 他に大手企業へのヒアリングを実施（コンビニ、小売、製粉、製麺等7社）

○ 食品メーカー等は、「米粉」に対する期待が大きい

○ 工場立地に際しては、「大消費地との近接性」「自社事業所・工場との位置関係」を重視

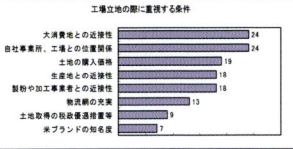

○ 製造・物流コスト削減などの観点から、事業連携やプラント集積に対する期待は高い

○ 一方、米粉の需要予測が立たない中での設備投資は、リスクが高いと感じている

○ 本県技術力に対する評価は高いが、安定供給・差別化の観点から「米粉の規格化」も有効

## スライド16

### （参考）米粉プラント集積へのイメージ

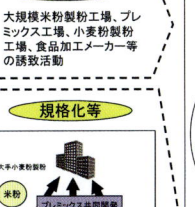

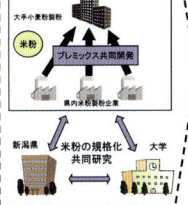

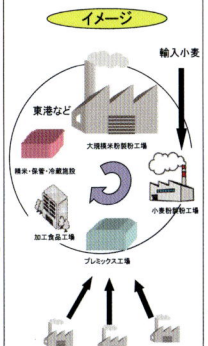

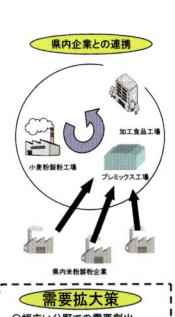

**企業誘致**
大規模米粉製粉工場、プレミックス工場、小麦粉製粉工場、食品加工メーカー等の誘致活動

**規格化等**

**需要拡大策**
○幅広い分野での需要創出
・大手食品メーカーの開発促進
・機能性食品の開発促進
・様々な分野での米粉利用PR
・家庭での普及啓発
・食育を通じた普及
・広報・宣伝・イベント等の強化等

## スライド17

**2 米粉の需要拡大**

（1）大手食品メーカーによる米粉製品の開発・販売拡大の促進
（消費者への影響力の強い大手食品メーカーなど大口需要者による米粉利用の拡大）

■ 商談会の開催
　首都圏の大規模な食の商談会へ、県内米粉関連企業が共同出展し、強力にアピール

■ 米粉産地のプレゼンテーションの実施
　県外の食品関連企業を県内に招聘し、県内の産地・製粉企業とのマッチングを進める

## スライド18

（2）米粉の規格化

用途別の種類・品質の区分が確立されている小麦粉に比べ、「米粉は使いにくい」との実需者の声

H23年度中に新潟県独自の「米粉の規格化」を図り、できるだけ早期の全国基準の確立を目指す

【参考】小麦粉の種類・等級と品質・主な用途

| タンパク含量 | 粒度 | 等級 | | | |
|---|---|---|---|---|---|
| | | 1等（灰分0.3～0.4%） | 2等（灰分0.5%） | 3等（灰分1%） | 末粉 |
| 強力粉 11.5～13.0% | 粗 | パン | パン | グルテン | 合板飼料 |
| 準強力粉 10.5～12.5% | 粗 | パン、中華麺 | パン | グルテン | |
| 中力粉 7.5～10.5% | やや細 | ゆで麺菓子、乾麺 | 菓子 | | |
| 薄力粉 6.5～9.0% | 細 | 菓子 | 菓子 | | |

（財団法人製粉振興会データを一部改変）

※ 米粉の品質の重要項目　→　・粒度　・澱粉損傷率　・アミロース含量　など

## スライド19

**(3) 業務用・家庭用プレミックスの開発支援**
業務用・家庭用として広く普及しているプレミックスの分野に、米粉を使用したものが加わることにより、使用者が手軽に米粉を使用する環境が整備
⇒ 米粉を使用したプレミックス粉の開発・商品化の促進
（米粉プレミックス開発経費に対する補助等）

プレミックスとは、ケーキ、パン、惣菜などを簡便に調理できる調整粉。

小麦粉を使用したプレミックスの国内・年間生産量（単位：トン）

|  | H元 | H6 | H11 | H16 | H21 |
|---|---|---|---|---|---|
| 業務用 | 169,923 | 218,969 | 273,711 | 287,744 | 283,706 |
| 家庭用 | 58,656 | 68,530 | 67,512 | 77,171 | 83,133 |
| 合計 | 228,579 | 287,499 | 341,223 | 364,915 | 366,839 |

（日本プレミックス協会HPより抜粋・改編）

**(4) 小麦アレルギーに対応した利用拡大**
米粉ならでは機能性を活かした商品開発は、米粉需要拡大に有効
⇒ 小麦アレルギーを持つ消費者に対する商品開発・普及を関係団体、関係企業と推進

**(5) 新たな米粉利用創出に向けた研究開発**
米粉の需要拡大のため、米粉の新たな用途開拓の基礎となる調査・研究を、県と大学、製粉企業、食品加工メーカー等が共同し推進

## スライド20

**(6) さまざまな分野での米粉利用拡大のPR**
米粉の大幅な利用拡大を図るためには、幅広い関係者による利用促進が不可欠

【具体的取組】
○各業界組合への米粉利用の働きかけ
○経済団体への社員食堂での米粉利用の働きかけ
○調理師や栄養士等に米粉利用を働きかける調理講習会
○製菓・製パン店の技術向上を目的とした講習会
○学校給食関係者を対象とした技術指導
○米粉料理コンテスト開催と優秀作品のコンビニ等での商品化

**(7) 家庭での米粉利用に向けた普及啓発**

【(社)米穀安定供給確保支援機構の調査（H22.2）】
・米粉を使用した家庭料理を作ったことがある家庭 → 11%
・レシピがあれば米粉料理を作ってみたい → 65%

○食の専門家（調理師・栄養士・食生活改善推進員・調理専門学校等）と連携した調理講習会の開催や米粉レシピ開発
○著名なシェフ・パティシエへの県産米粉のサンプル提供とメニュー開発提案

## スライド21

**(8) 食育を通じた普及**
子どもたちに、わが国の食文化や食料自給率の問題について伝え、米飯以外の主食として米粉食品を食べることの重要性を理解してもらうことが大切

○教育機関と連携した保護者への普及啓発
○学校給食への米粉パン・麺提供と連携した食育の実施

（参考）学校給食米粉パンの導入状況

| H20 | H21 | H22 |
|---|---|---|
| 454校 54.9% | 554校 71.9% | 645校 80.8% |

**(9) 広報・宣伝・イベント等の充実強化**
新しい食材として消費者へ受け入れられるためには、小麦粉と比べ油の吸収率が低いなど米粉のメリット・特徴を具体的にわかりやすく伝える必要があり

○県の情報発信基地（「新潟館ネスパス」や「新潟ふるさと村」）を活用したPR活動
○スーパーマーケットなどとタイアップした料理教室開催
○県広報誌の積極活用、県HP「米粉のお部屋」の充実強化
○「R10プロジェクト応援企業」と連携した情報発信 など

【新潟ふるさと村・米粉カフェ（H23.6月～）】

## スライド22

### こんなにある！米粉の特性と優位性

● パンやケーキでは、「もっちり」「しっとり」した食感が美味しい
● 天ぷらや唐揚げでは、「サクサク」とした食感 吸油率が低いため、「サッパリ」、「ヘルシー」な仕上がり
● シチューやカレーの場合、小麦粉のようにバターで炒めなくても、米粉を水で溶いて加えるだけでとろみがつけられる
● 焼き菓子では、小麦粉に比べ、サックリ感があり、歯に付きにくい
● 栄養価の指標となるタンパク質のアミノ酸スコアは、小麦の約1.6倍

※ ① アミノ酸スコアー～アミノ酸の構成を比較して栄養価を判定した数値。100に近いほど、良質な食品
② 参考～アミノ酸スコア（可食部100g当たり）： 米 65 小麦（中力粉）41

● 小麦粉に比べ、脂肪吸収抑制作用や持久力などの機能性があると言われている
● グルテンレスの米粉を使うことで、小麦アレルギーをもつ方にも対応した食品の提供が可能

## スライド23

### 新潟県産米粉のメリット

- 新潟米のブランド力 → 消費者へのアピール
- 高い製粉技術 → 高品質・おいしさ
- 日本一の米粉生産量 → 安定供給
- 生産履歴、減減栽培 → 安全・安心
- 制度活用、コスト低減 → 低価格
- 米産地と製粉が連携 → 産地が明確
- 官民一体の取組 → 信用

（参考）新規需要米（小麦代替等に用いられる米粉用米）の生産量
····新潟県は全国第1位

| 年 | 平成20年 | 平成21年 | 平成22年 | 平成23年 |
|---|---|---|---|---|
| 新潟県（全国シェア） | 313t (55%) | 3,642t (28%) | 9,574t (34%) | 14,384t (36%) |
| 全国 | 566t | 13,041t | 27,796t | 40,311t |

（参考）新潟県の開発技術を利用した製粉企業

|  | 二段階製粉 | 酵素処理製粉 |
|---|---|---|
| 新潟製粉（株） | ○ |  |
| （株）齋藤製粉 | ○ |  |
| ライスフラワーテクノ（株） | ○ | ○ |
| たかい食品（株） |  | ○ |
| 妙高製粉（株） |  | ○ |

## スライド24

ありがとうございました

4月4日は 米粉の日

【問い合わせ先】
新潟県農林水産部 食品・流通課
〒950-8570 新潟県新潟市中央区新光町4番町1
TEL 025-280-5427 FAX 025-280-5548

【技術的な相談は】
新潟県農業総合研究所食品研究センター
〒959-1381 新潟県加茂市新栄町2-25
TEL 0256-52-3238 FAX 0256-52-6634

付録3

# 米粉利用の推進について

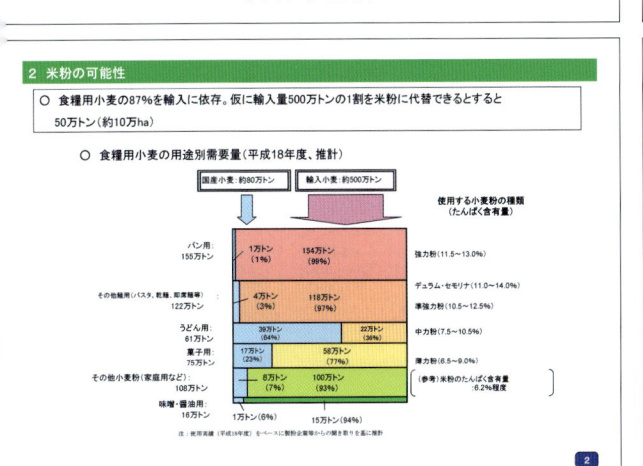

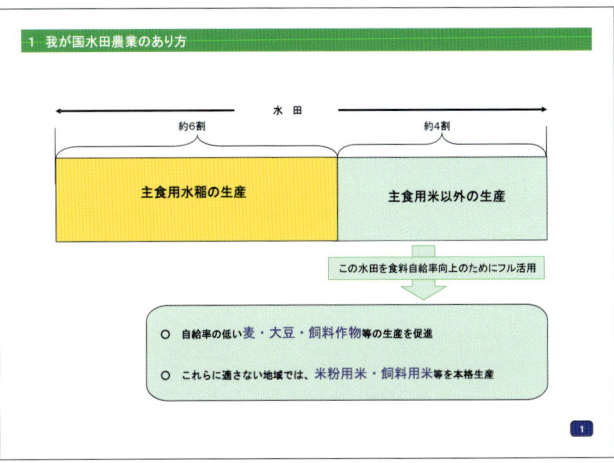

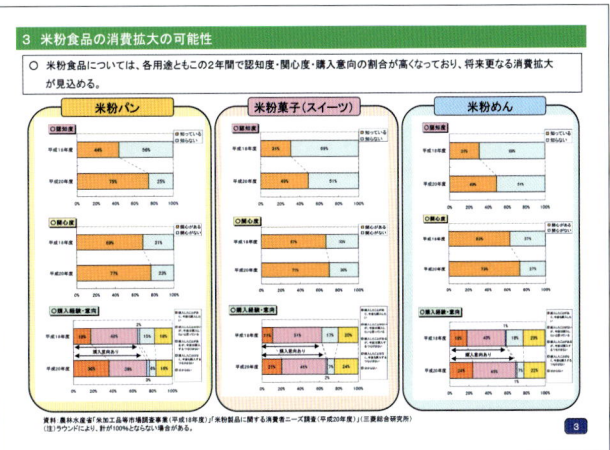

平成21年3月
農林水産省

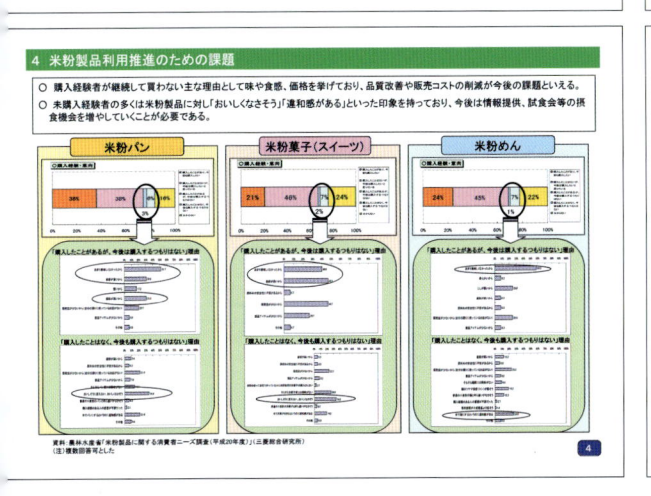

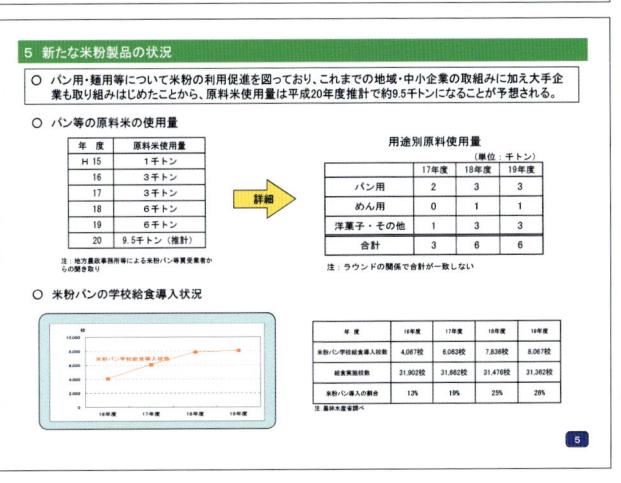

## 6 実需者の動向

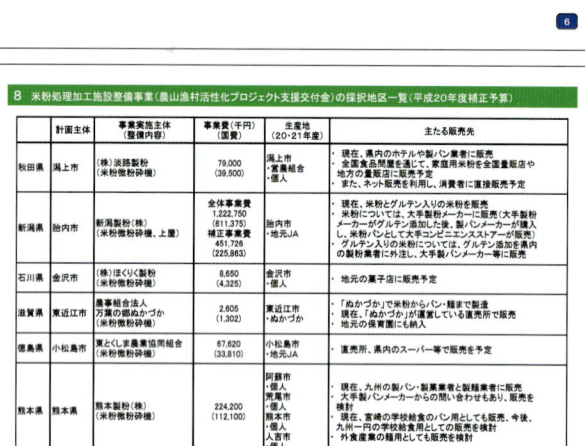

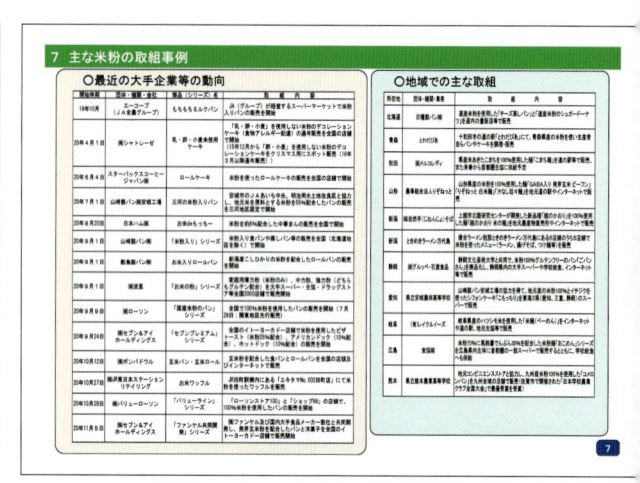

- 米穀機構が米粉用として販売している現物弁済米(豊作であった17年産の主食用市場から隔離したもの)の契約数量は、18年度75トン、19年度526トンで推移していたが、20年度に入り急激に需要が伸びており、2009年1月時点で、前年同期比約8倍の3,294トンに達したところ。
- このペースで推移すれば、本年度の契約数量の合計は、対前年度比で約8倍の 約4,000トンが見込まれるところ。

### 現物弁済米(米粉用)の落札状況

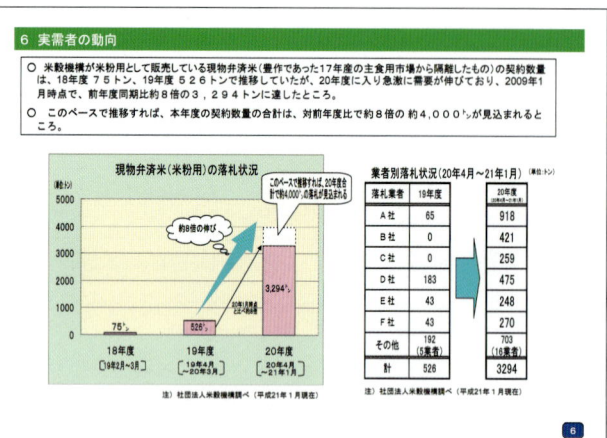

### 業者別落札状況(20年4月~21年1月)

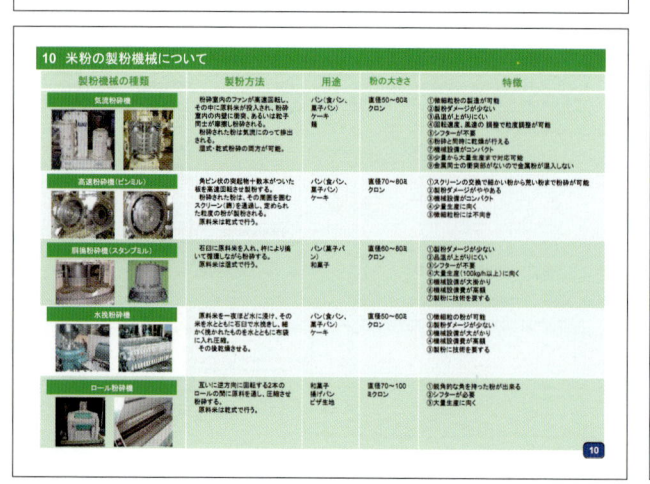

| 落札業者 | 19年度 | 20年度 |
|---|---|---|
| A社 | 65 | 918 |
| B社 | 0 | 421 |
| C社 | 0 | 259 |
| D社 | 183 | 475 |
| E社 | 43 | 248 |
| F社 | 43 | 270 |
| その他 | 192 | 703 |
| 計 | 526 | 3294 |

## 7 主な米粉の取組事例

○最近の大手企業等の動向

○地域での主な取組

## 8 米粉処理加工施設整備事業(農山漁村活性化プロジェクト支援交付金)の採択地区一覧(平成20年度補正予算)

## 9 米粉の事例(新潟製粉・新潟県)

- 米の用途拡大による消費拡大と水田の有効利用を目的として、平成10年から操業を開始。
- 二段階製粉方式や酵素処理製粉方式により、現在、年間4,000トン程度の米粉を生産。
- 米粉ミックスを栄養堂が購入し、米粉パンとしてジョナサンが販売。
- 新潟県胎内市において、産地づくり交付金を活用し、新規需要米の取組を推進。

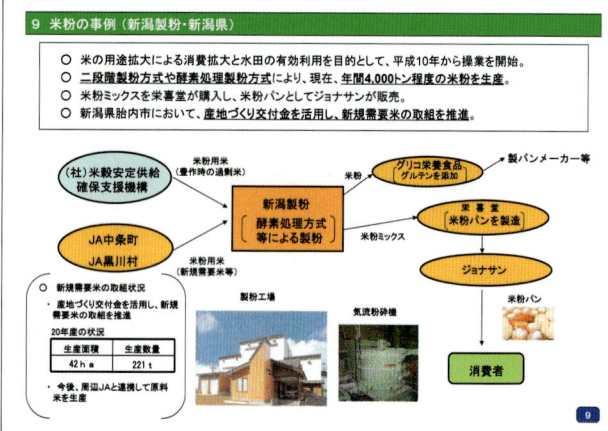

## 10 米粉の製粉機械について

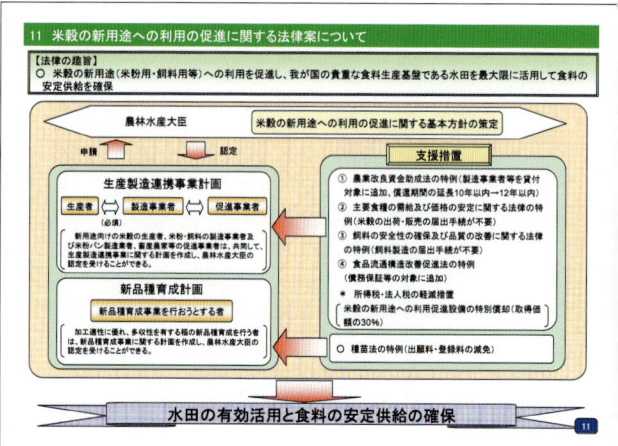

## 11 米穀の新用途への利用の促進に関する法律案について

資料

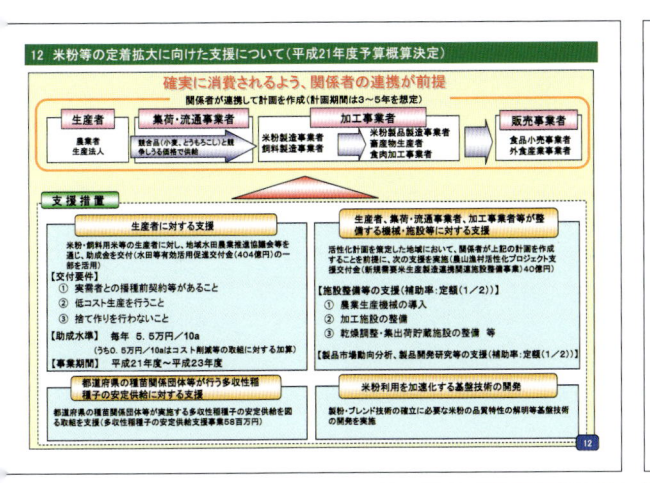

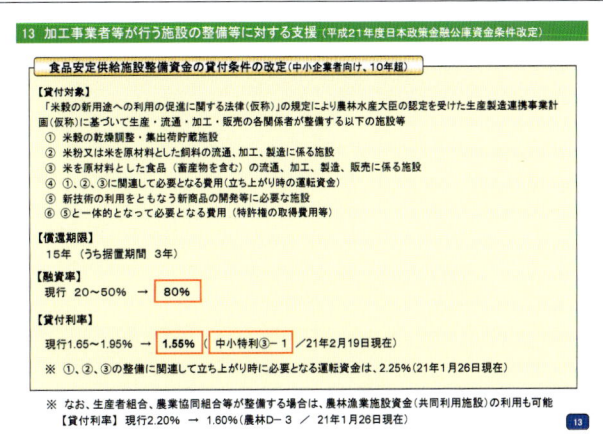

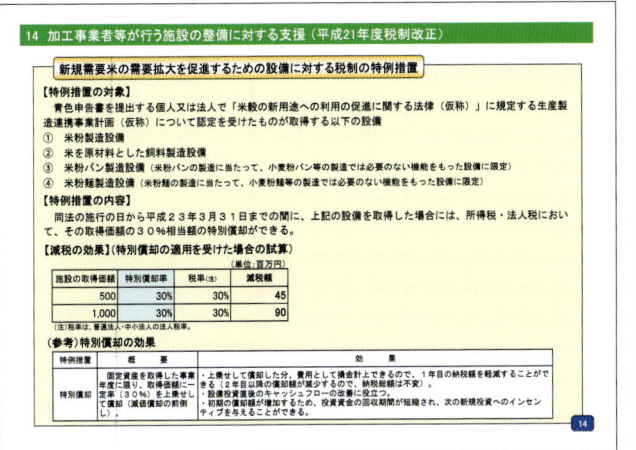

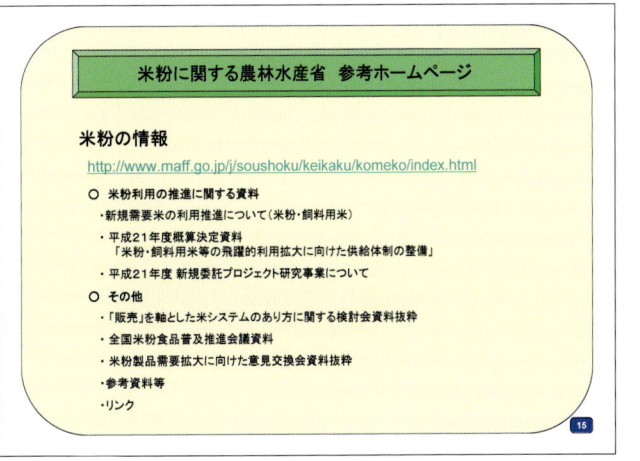

# エピローグ

大坪研一

　世界人口の増加、穀物在庫の減少が予想されるなど穀物需給には変動要因が多いが、諸外国に比べて日本の食料自給率は非常に低い。これは 1962（昭和 37）年以降続く米の消費減退が大きな要因で、粒や粉など、いろいろな形で米を使うことによって水田の維持・確保・増大を図り、自給率を向上させなければならない。

　本書では、米粉に関する解説および研究開発の歴史と現況について、それぞれ第一線でご活躍されている方々にご執筆いただいた。米粉適性品種について鈴木保宏氏、米粉の微細製粉技術について江川和徳氏、米粉の実用規模の製粉に関して藤井義文氏、米粉パンの開発について中村幸一氏、米粉の調理特性について萩田　敏氏、新潟県の米粉政策について川口　剛氏、村田明彦氏、長谷川浩泰氏の方々である。お忙しい中をご執筆いただいた各氏に心からの謝意を表したい。

　その他の部分については、農水省や新潟県の公開資料を引用させていただきながら大坪が執筆させていただいた。

　新潟県では、国産米の米粉を、輸入小麦粉に 10％混ぜて使用するという「R10 プロジェクト」運動を展開している。新しい特性の米、新しい米粉製造技術、米粉の新しい利用技術などを開発し、輸入小麦粉約 500 万 t の 10％に当たる 50 万 t を国産米粉に置き換えて食料自給率を向上させようというプロジェクトである。ご飯粒から粉へと米の利用形態を変えることによって、より大きな市場に米利用が拡大し、それが水田の確保、食料自給率の向上につながっていくことが期待される。

　今後の研究開発の方向としては、①主食としての米の特徴を明らかにし、消費拡大や食育に活用する、②毎日食べる食品としての安全性を確保し、安全な加工食品を開発する、③菓子、パン、麺などの加工品の原料としての適性を向上させる、④機能性を証明し、科学的証明を加えた機能性米や加工品の実用化を図る、⑤育成者権を守り、食品表示への信頼性を確保して消費者ニーズに対応する、⑥輸出や食品産業の海外進出推進に役立つ米の流通・加工技術を開発する、などが挙げられよう。

　米粉の普及が進むにつれて、市販米粉の種類も増加してきた。一般の消費者や実需者の中には、米粉の用途適性や特徴について、なにか規格や分類基準のようなものがほしいという声もあるようである。たとえば、私見であるが、1．おいしさ、2．加工適性、3．用

途適性（パン用、麺用など）、4. 純正性（本当に米粉か？）（国産米か？）、5. 菌数、6. その他、などの項目が挙げられよう。

　現在は米粉の誕生からようやく普及がはじまったところであり、上記のような項目別の規格や基準は時期尚早と言えるかもしれない。しかしながら、米粉の先進地域である新潟県では、すでに農水省とも連絡をとりながら、消費者や実需者に向けた米粉の分類や品質基準などに関する検討を開始し、「米粉の用途別推奨指標」を設定・公表した。今後、米粉の普及が進むにつれて、こうした動きも全国で加速していくものと予想される。

　本書に記した新潟大学の研究内容は、新潟大学農学部の中村澄子特任准教授の多大なる貢献によるものであり、ここに深く謝意を表したい。

　最後に、本書の刊行に際し、快く資料の転載を許可していただいた、農林水産省生産局穀物課、新潟県農林水産部食品・流通課および財団法人米穀価格安定化支援機構に深甚なる感謝を申し上げる。

　また、小生の執筆の遅れを寛恕しながら、編集その他、様々なご尽力をいただいた幸書房の夏野雅博氏に心より謝意を表したい。

　　　平成 24 年 9 月 1 日

■編者紹介

# 大坪　研一（おおつぼ　けんいち）

| | |
|---|---|
| 1974 年 | 東京大学理学部　生物化学科卒業 |
| 1981 年 | 民間企業研究所勤務を経て、農林水産省入省　食品総合研究所　研究員 |
| 1989 年 | 農学博士 |
| 1990 年 | 北陸農業試験場 米品質評価研究室長 |
| 1993－2005 年 | 食品総合研究所 穀類特性研究室長 |
| 2004－2008 年 | お茶の水女子大学大学院 客員教授併任 |
| 2005－2008 年 | 食品総合研究所 食品素材部長、食品素材科学領域長 |
| 2008 年 | 新潟大学 大学院自然科学研究科（農学部兼任）教授 |
| | 現在に至る |
| 2010 年 | 中国天津農学院客座教授　現在に至る |
| 2011 年 | 新潟大学 産学地域連携推進センター長　現在に至る |

【専門分野】食品科学、穀類科学

【受　　賞】
日本醸造協会技術賞　　　　　（2008：日本醸造協会）
飯島記念技術賞　　　　　　　（2008：飯島記念食品科学振興財団）
日本食品科学工学会技術賞　　（2004：日本食品科学工学会）

【学術論文】
1. Nakamura S, Satoh H, Ohtsubo K. Characteristics of pregelatinized *ae* mutant rice flours prepared by boiling after pre-roasting. *J Agric Food Chem* 59 (19), 10665-10676, 2011.
2. Nakamura S, and Ohtsubo K. Acceleration of germination of super-hard rice cultivar EM10 by soaking with red onion. *Biosci Biotechnol Biochem* 75 (3), 572-574, 2011.
3. Nakamura S, Suzuki K, Ohtsubo K. Characteristics of breads prepared from wheat flours blended with various kinds of newly developed rice flours. *J Food Sci* E121-130, 2009.

【著　　書】
「日本一おいしい米の秘密」（2006：講談社）
Rice, science & technology（分担執筆、2004：Amer. Assoc. Cereal Chem.）
「米の科学」（編集・分担執筆、1995：朝倉書店）

---

## 米粉 BOOK

2012 年 10 月 20 日　初版第 1 刷　発行

編著者　大坪研一
発行者　桑野知章
発行所　株式会社 幸書房
〒101-0051　東京都千代田区神田神保町 3-17
TEL03-3512-0165　FAX03-3512-0166
URL：http://www.saiwaishobo.co.jp

印刷・製本　シナノ

Printed in Japan.　Copyright Ken'ichi OHTSUBO 2012.
無断転載を禁じます。

ISBN978-4-7821-0369-2　　C3061